U0175502

葡萄酒
的世界史

〔日〕古贺守 著

杨晓钟 张阿敏 译

陕西新华出版传媒集团

陕西人民出版社

图书在版编目（CIP）数据

葡萄酒的世界史 /（日）古贺守著；杨晓钟，张阿敏译.
—西安：陕西人民出版社，2020.8
ISBN 978-7-224-13516-9

Ⅰ.①葡…Ⅱ.①古…②杨…③张…Ⅲ.①葡萄酒－历史－世界
－通俗读物Ⅳ.①TS262.6-091

中国版本图书馆CIP数据核字（2020）第021493号

著作权合同登记号　　图字：25-2019-184

WINE NO SEKAISHI
BY Mamoru KOGA
Copyright © 1975 Mamoru KOGA
Original Japanese edition published by CHUOKORON-SHINSHA, INC. All rights reserved.
Chinese (in Simplified character only) translation copyright © 2020 by Shaanxi People's
Publishing House
Chinese(in Simplified character only) translation rights arranged with
CHUOKORON-SHINSHA, INC. through Bardon-Chinese Media Agency, Taipei.

出 品 人：宋亚萍
总 策 划：刘景巍
策划编辑：管中洣　王颖华
责任编辑：管中洣　杨舒雯
封面设计：白明娟

葡萄酒的世界史

作　　者　［日］古贺守
译　　者　杨晓钟　张阿敏
出版发行　陕西新华出版传媒集团　陕西人民出版社
　　　　　（西安北大街147号　邮编：710003）
印　　刷　中煤地西安地图制印有限公司
开　　本　880毫米×1230毫米　1/32
印　　张　6.3125
字　　数　103千字
版　　次　2020年8月第1版
印　　次　2020年8月第1次印刷
书　　号　ISBN 978-7-224-13516-9
定　　价　49.00元

如有印装质量问题，请与本社联系调换。电话：029-87205094

目录

第三章
古典葡萄酒时代

第四章
新葡萄酒时代

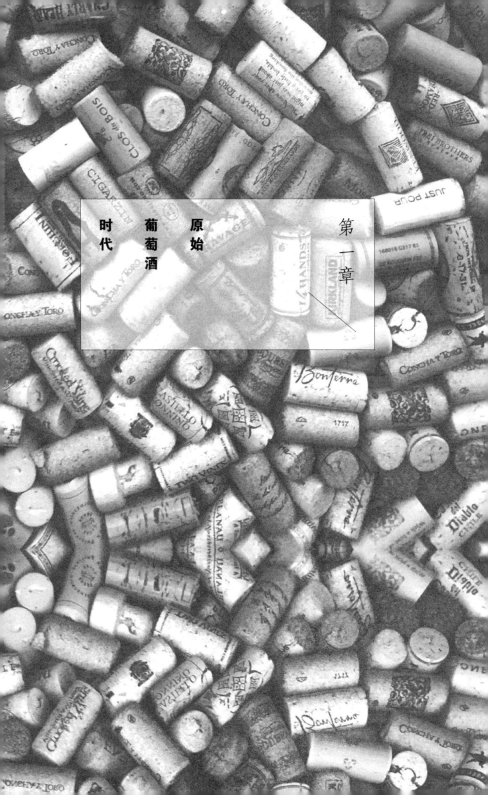

第一章

原始葡萄酒时代

总　起

　　葡萄酒的历史是人类孜孜不倦创造的人类文化史的一部分。在混沌遥远的上古时期，它的发展进程缓慢而模糊。人类在某一天偶然间酿造出了葡萄酒，这就是葡萄酒的诞生。

　　此后，葡萄酒在不同时代的发展变迁史，以及其之所以能推动人类不断创造出新成果的原因等，成为研究葡萄酒史的主要内容。在其漫长的发展进程中，葡萄酒满足着不同时代人类的味蕾，作为人类的一大创造，葡萄酒同时也影响着人类，推动人类开创新的事业。这种互相作用的关系持续至今。

　　本书通过分析葡萄酒的发展历史，尝试将其大致划分为几个不同的历史时期，力图勾勒出在各个时代葡萄酒都是怎样与人类相互影响的。

　　首先是混沌的原始葡萄酒时期。原始人类只是将葡萄酒看作是天然食品的组成部分。原始时代迈着缓慢的步伐，终于走向了初见光明的有史时代，人类的生活方式也从采集过渡到了农耕，葡萄酒的酿造也发生了变化，人们逐渐开始人工种植葡萄树。

至此，漫长的"原始葡萄酒时代"终于画上了句号。紧随其后，便出现了目前所知的葡萄酒酿造的最早记录，我们将其称为"旧葡萄酒时代"。这一时期，人类已经进入了有史时代，西亚地区发展出了高度发达的文明，人们对于葡萄酒这种饮料的基本概念开始有了明确的认识，并且认识到它作为酒精饮料的特性，充分感受到了葡萄酒带给人类快乐的一面和令人感到可怕的一面。当时的人们以古代人所特有的思维方式，将葡萄酒所具有的两面性与善神的馈赠和恶神的诅咒相联系，并自行控制饮酒行为。

随后，古希腊人和希伯来人等凭借他们的聪明智慧，开发出了新的酿酒技术，逐渐将浑浊的旧葡萄酒改良成了优质的透明葡萄酒，出现了我们现在所知的酿造葡萄酒的鼻祖，以此为标志，我们将之后的时代称为"古典葡萄酒时代"。

进入古典葡萄酒时代后，现代人类文明的祖先之一——希腊文明很快就出现在人类的文化史上。这一时期，由于希腊人在全世界范围内都具有极大的影响力，深受希腊人青睐的葡萄酒也就得到了进一步的改良和提升，该时代的葡萄酒史可以说就是希腊的葡萄酒史。

希腊人对于葡萄酒的痴迷起源于爱琴海文明，并一直持续到古希腊灭亡。具有多种亚洲特性的希腊人在旧葡萄酒时代，继承了西亚人对于葡萄酒的善恶二元观念，以狄俄尼索斯作为葡萄酒的象征，他们的饮酒生活史可以说就是一部"怀柔"狄俄尼索斯的历史。随后，希腊人的优秀继承者——罗马人，继承了希腊所有关于葡萄酒的科学技术。这些罗马人作为新一代的欧洲人成长起来后，逐渐摆脱了希腊式口味，奠定了现代美酒的基础，开启了葡萄酒的新纪元，由此进入了"新葡萄酒时代"。

新葡萄酒时代始于罗马全盛期以后，在经过了中世纪、近世后，直到现代，罗马人的葡萄酒酿造技术依然原封不动地得到了沿用。

这一时期，科学呈现出了几何级数般的发展。随着拉瓦锡、巴斯德等人相继登上历史舞台，先进的科学技术得以开发运用，同时以超出远古时代百万倍、数亿倍的速度继续向前发展。因此，我们不得不将这漫长的葡萄酒历史中短短的一百年时间再划分出"现代葡萄酒时代"。实际上，仅仅是在这短短的一百年时间里，其前半期与后半期的葡萄酒品质，也发生了巨大的变化，而这之间的变化大概要比漫长的旧葡萄酒时代和古典葡萄酒时代的变化还要大。在此基础之上，未来又会出现怎样的发展和变化，就更加令人难以想象了。

从历史的一贯经验来看，唯一可以肯定的是——含蓄内敛的葡萄酒的醇香，必将会继续酝酿出轻柔的喜悦，直到永远。

但这种论断有一个限定条件，那就是作为葡萄酒享用者的人类，在未来也依然以人类的方式热爱着葡萄酒。因为葡萄酒是与人类关系最为密切的饮品，是只属于人类的饮料。葡萄酒的本性就在于它不可能与人类以外的事物发生交流，从这点上来看，葡萄酒可以说是人类真挚的朋友。

人类与葡萄酒的邂逅

在距今约 1 万年前的远古时期，旧石器时代终结，开始向新石器时代过渡，那时地球上草木繁茂，郁郁葱葱。人类为了生存，终日奔走于森林和原野之间，或捕鹿抓兔，或采集当季的果实和草根，偶尔也会去捅捅蜂巢采蜜，过着十分有趣的饮食生活。

这一时期，在北纬 30°—40° 的密林中，已经出现了成片的野生葡萄。葡萄树的植物化石最早发现于第三纪地层中，而人类化石则出现在第四纪更新世早期，也就是说，葡萄树比人类更早一步现身于大陆。

由于葡萄在水果中也属于格外多汁的类型，不知从何时起，人类便开始榨取葡萄汁，并将其储存在皮囊等容器里；有时也会将蜂蜜混入其中，享受葡萄的美味，这大概就是最原始的葡萄汁了吧。时常面临饥饿威胁的原始人类，不得不贪婪地收集食物，尽可能地将它们储存起来以备不时之需。比如：为了储存兽肉，人类会将其用烟熏制，或者埋在阴凉的地下。但像水果这种本身就富含糖分的东西，如果储存不当的话，会很容易腐烂发酵。而葡萄汁，尤其是加入了蜂蜜的葡萄汁就更容易发酵，变成人类青睐的酒精饮料，也就是葡萄酒。就是在这一系列的偶然之中，人类邂逅了葡萄酒。

猿猴通过咀嚼水果和坚果，使其中的淀粉在唾液淀粉酶的作用下转变为麦芽糖，再将其吐在树洞等合适的坑洼里，放置数日待其自然发酵后，享用这种发酵的果汁。虽然"猿酒"故事的真伪难辨，但如果是头脑比猿猴更为发达的原始人，或许真的有可能在超乎我们想象的更早的时代，就已经通过类似的

采摘葡萄

方式发现了酒精饮料。果真如此的话，那么实际上在两三百万年前的远古时代，人类与酒就已经有了交集。

　　然而，让远古时期的原始人在自然界中反复体验"发酵"这一不可思议的现象，然后在某一天发觉它的神奇之处，并开始自发进行发酵实验，尝试着去掌握技术层面上的发酵原理，这实在是有些强人所难。至少要等到旧石器时代末期，或者是再往后的人类文明的形成过程中，才有谈及这一话题的可能性。也就是说，在几百万年前，某处的原始人在偶然之间发现了与猿酒类似的发酵酒，虽不能否认它有发生的可能性，但也只是一时之间的偶然现象而已，这并不足以成为人类开始持续饮用发酵饮料的契机。

据许多学者推测，人类应该是在8000年前，最早可能是1万年前开始察觉到了发酵现象的神奇之处，并通过观察逐渐掌握了发酵技术。而人类最早有意识地酿造出的酒很有可能是果实酒，并且是以葡萄为原料的果实酒。也就是说，葡萄酒的诞生比啤酒和米酒等谷物酒更早。

原始人似乎经常会将蜂蜜与葡萄酒混在一起饮用，实际上加入蜂蜜也更加便于他们观察葡萄汁的腐化和发酵。

然而，这并不意味着人类在这个时代，已经在全球范围内开始酿酒了。实际上，只有在具备了以下条件的地区，人们才可能拥有观察发酵现象的能力，掌握技术层面上的酿造法，即开始有意识地酿造并日常饮用葡萄酒。1.地理条件：具有利于野生葡萄结果的地质、水土的地区。2.气候条件：野生葡萄结果后较长时间内，气候仍能继续保持温暖的地区。3.智力条件：具有能够通过观察自然现象，获得某种知识的学习能力。

特别是就第三个条件而言，似乎只有在那之后的时代中，创造出了高度发达的古代文明的那个人类团体，才能够满足这个条件。如果上述条件不能齐备的话，根本无法想象葡萄酒酿造法的发明和日常性的饮用葡萄酒是怎样实现的。

例如，在德国南部的拜恩州和瑞士交界处的博登湖中，有一个残留着古遗迹的小岛，前些年人们在那里发现了四五千年前的葡萄籽。这种葡萄籽的学名叫"Vitis Teutonica"，是以前生长在德国的一种野生葡萄的种子，它是现在的德国葡萄酒引以为豪的雷司令品种的原种。综合各种状况分析来看，可以想象，当时该地区的先住民凯尔特人曾榨取葡萄汁，并将其与蜂蜜混在一起饮用。在很久以后，罗马人也曾在该地区传授过葡萄酒的酿造方法，但有说法认为，在此之前，那里的凯尔特人就已经掌握了葡萄酒的酿造方法。然而，至今为止，除了这种名为"Vitis Teutonica"的葡萄籽以外，还没有发现任何能够证明他们酿造过葡萄酒的遗物。也就是说，在上述的三个条件中，第二个条件尚且不能确保是否具备，而如果对照第三个条件，就更加难以想象这样的民族已经开始酿造葡萄酒了。充其量只能认为，他们好像很喜欢饮用加了蜂蜜的葡萄汁。而且，作为反证，根据罗马的历史学家塔西陀所著的《日耳曼尼亚志》中的记载，大约在 2000 年前，这里的先住民凯尔特人的国王在第一次品尝罗马人带来的葡萄酒时，曾因那美妙的口感而倍感惊叹和喜悦。

总之，葡萄酒的发明者必须具备这样的能力：在反复体验过不可思议的发酵现象后，能够意识到它的神奇之处，然后对其进行进一步的观察，并萌生出自主进行实验的想法，而且能在实验的过程中，逐渐掌握发酵，也就是初步的酿造技术。具备这种能力的民族，必能在不远的下一个时代创造出高度的文明。

葡萄酒的发明者

基于上述内容，我们仔细审视一下世界古代史，便可以大胆地预测，最早开始酿造葡萄酒的民族或地区可能会有以下几个：在古代东亚大陆建立起了璀璨文明的汉民族、在摩亨·佐达罗建立起了令人难以置信的伟大都市后又突然间神秘消失的古代印度、为人类带来曙光的底格里斯河和幼发拉底河的两河文明以及包括尼罗河畔的埃及在内的近东地区。其中，中国最早是在夏朝的禹王时代开始用米酿酒，但目前还没有确切的证据能够证明，在此之前他们用果实酿造过酒。夏朝的禹王大约出现于 4000 年前。当时，地球上的另一端已经进入了酿造葡萄酒的繁盛时代。用米酿酒时，须在正式发酵前先制造酒曲，相当复杂，因此一般认为以米为原料酿造的酒比果酒更晚诞生。而在印度，早在雅利安人入侵印度之前，也就是在距今 6000多年前的古代，就已经产生了高度的文明，他们建造的大型都市上下水道完备，道路规划整齐周密，砖块建成的二三层民居鳞次栉比。然而，也许是因为遗址的发掘太过复杂，目前还没有在遗址中发现任何证据能证明他们比苏美尔人更早进行过葡萄酒的酿造，这一点实在让人觉得不可思议。

　　1965 年，格鲁吉亚地区，发现了大约 8000 年前的水果压榨机和葡萄籽，毫无疑问，这是属于史前时期的文物。结合相关系列的文物来看，该地居民的建筑技术、武器和工具的制造技术均远远高于周围的其他居民。虽然目前还无法得知用这个压榨机榨出来的葡萄汁，究竟是用来酿造葡萄酒的，还是单纯被当成果汁供人饮用的。但发展至此，如果当时的居民日常确实已经开始饮用最适合观察发酵现象的葡萄汁，并且文化发展水平也达到了我们所认为的程度的话，那么葡萄酒的酿造也就指日可待了。

　　如此看来，酿造并享用红葡萄酒的发祥地应该是近东的某一个或某几个地方。结合各种出土文物和历史情况来看，普遍认为其中最适合获得这项殊荣的，应该是在底格里斯河与幼发拉底河之间，也就是在美索不达米亚地区创造出人类最古老文明的苏美尔人。

　　文化具有强大的传播性和流动性，当文化从 a 地向 b 地传播时，如果 a 与 b 之间文化的潜在性创造力和消化能力水平相

苏美尔人的乌尔军旗，最上方为苏美尔臣民向君王献酒的场景

当的话，那么文化程度差距越大，文化的传播就会越快、越强。很多学者推测，葡萄酒的酿造技术最早应该是由美索不达米亚某地的苏美尔人所创造的，随后又逐渐传播到了埃及。

然而，埃及人也未必一定是从苏美尔人那里学来的酿酒技术，也有可能是他们自己发明出来的。但无论如何，可以想象到在距今8000—10000年前，包括埃及在内的古代近东的某地已经开始酿造葡萄酒，并逐渐向四周地区传播开来。

这就是早期人类与原始葡萄酒的邂逅。自此以后，葡萄酒逐渐走进了人类的日常生活。她那高雅的芳香温柔地包容了人类所有的痛苦与喜悦。在漫长的岁月中，她始终以友人的姿态相伴人类左右：作为药品她关怀着人类的健康，作为饮品她为人类带来了成倍的饮食乐趣。她既有助于排解压力，又能帮我们赶走生活中的阴霾，无论是在精神上还是在肉体上，都为人类带来了莫大的支持。

原始葡萄酒的定义

远古时期的人类在日常生活中偶然发现了"发酵"这一现象后，便被其吸引，并开始敏锐地观察起这种现象。在此基础之上，人类通过亲自试验酿造出了最原始的葡萄酒，就是笔者这里所称的"原始葡萄酒"。

在今天看来，原始葡萄酒就像是一个外行人私酿出的葡萄酒一样，只是非常简单地把葡萄捣碎，装在器皿里放置数日，让其自行发酵起泡而已。而且，原始葡萄酒所使用的葡萄，也不是现在经过再三改良过的优质品种，而是直接采摘的野生劣质山葡萄。在实在难以发酵起泡的情况下，他们应该也会想办法往里面加些蜂蜜之类的吧。此外，原始葡萄酒也没有经过过滤和取上清液等处理，果皮、果子甚至是果柄都混杂其中，完全保持着葡萄浆（maische）这一葡萄酒原料的形态，由此酿造出的含有酒精的液体，大概这就是当时的人们所享用的原始葡萄酒吧。

几乎可以肯定地说，在有史时代以前，人类就已经接触到了含有酒精的葡萄汁，也就是葡萄酒的始祖。

无论如何，原始葡萄酒已经具备了果酒的特质——柔和的芳香与将人带入幽玄之境的酒精作用。从充满野性、健康又活泼的古代人那敏锐的味觉与嗅觉来看，原始葡萄酒一定为他们带来了无与伦比的甘美和喜悦。

现代人的感觉和神经在纷繁复杂的刺激下已经日渐迟钝，

只有精酿的极为名贵的葡萄酒，才能勉强满足他们的需求。而在古代，原始葡萄酒却拥有着足以与现代的名贵葡萄酒相匹敌的魅力，使古代人的味蕾得到了极大的满足。

诺亚传说

葡萄酒的历史与人类文化史一样源远流长，许多古典文献都能证明葡萄酒历史的悠久。从有关基督教史的记载来看，诺亚时常被认为是最早开始酿造葡萄酒的人。位于德国威斯巴登的国际学术出版社曾出版过一部名为《莱茵高历史与葡萄酒编年史》（罗伯特·哈斯著）的书，该书中有一张非常有趣的年表，这张年表将创世作为纪元元年，基督诞生于纪元 4000 年。将该年表换算成西历的话，大约是从公元前 4000 年开始的。在表中有如下记载：

元年　创世

一二九年　该隐杀死其弟亚伯

二〇〇年　该隐第一次建造城市

六二二年　天文学出现

六八七年　以诺开始举行祭祀活动

九三〇年　最早的人类亚当死亡

九八七年　以诺逃亡，音乐、炼铁、纺织出现

一四一〇年　绘画出现

一六五七年　罪恶的大洪水

一六五八年　诺亚方舟着陆

传说诺亚喝完自己酿的葡萄酒后，赤身裸体醉倒在帐篷里。

《诺亚醉酒》，米开朗琪罗绘

一六六三年　诺亚栽种葡萄

一七七二年　在宁录建造巴别塔

二〇〇七年　诺亚死亡

此外，值得关注的记载有：

二一三六年　俄塞里斯发明啤酒

三〇七〇年　撒马利亚大饥荒

三二五〇年　罗马城的建造

三二五四年　罗慕路斯成为最早的骑士

三六一六年　亚里士多德诞生

三六七二年　亚历山大大帝诞生

三九〇二年　凯撒成为最早的罗马皇帝

四〇〇〇年　基督诞生

从该年表来看，啤酒的诞生可能要比葡萄酒晚473年。当然这样的年表并不能被当成正式的历史年表对待。在讲述葡萄酒的历史时，时常被用来作为证据的诺亚酿造葡萄酒一事，根据这张年表来看，似乎是发生在公元前2337年之后，但葡萄酒的酿造其实早在此之前，也就是在遥远的有史时代以前就已经开始了。

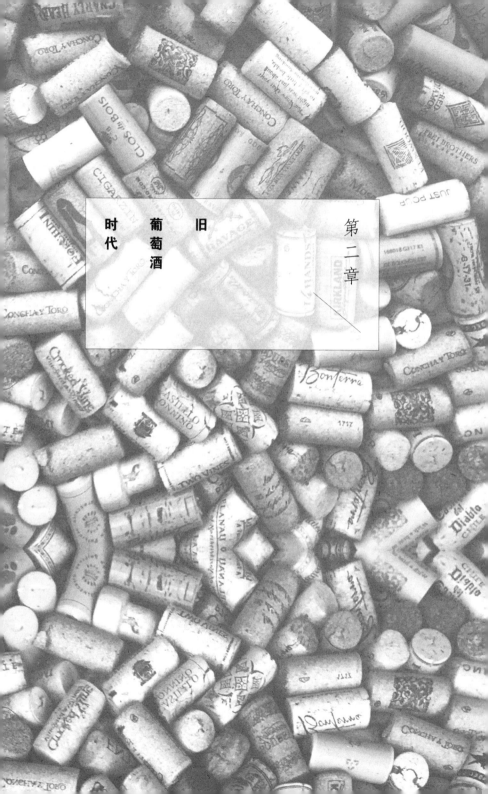

第二章

旧　葡萄酒　时代

苏美尔的遗物

在能够明确证明是葡萄酒酿造的遗物中，最古老的就是前述的苏美尔人所留下的滚印（roll seal）。滚印有着 6000 年以上的历史，它是一种用大理石、石墨、琉璃等石材制成的圆柱形小石棒，长 2—3 厘米，直径 1—2 厘米，表面刻有以葡萄图案为主的各种浅浮雕。孕育了世界最古老文明的美索不达米亚地区，与中华文明的发祥地黄河流域一样属于黄土文化，当地的人们非常轻易地能用黏土烧制成陶器。造好的葡萄酒罐等葡萄酒容器上预先就留好了盛倒葡萄酒的小口，将精心酿成的葡萄酒盛入罐中储藏时，为了防止被偷喝或往酒里兑水等恶作剧，人们会将开口用布包起来，再用黏土进行密封。在刚涂上的黏土还比较软的时候，滚印就派上了用场。用刻有浅浮雕的滚印在黏土上滚一遍，浮雕图案就印在了黏土上，待黏土干燥后就

苏美尔滚印

变成一个像模像样的封印。在 6000 年前，酿造葡萄酒的工匠们要先把酿好的葡萄酒献给神殿和统治者，他们使用滚印大概就是为了防止杂物混入葡萄酒吧。根据浮雕图案的不同，甚至能够辨别出谁是葡萄酒的酿造者，这简直可以说是现代葡萄酒商标的原型了。

葡萄的栽培

到了这一时期，葡萄酒也已经变得与原始葡萄酒大不相同了。人们在酿酒时已经知道去掉果皮和果柄，选择上清液中最好的部分献给神殿和统治者，而把与原始葡萄酒相当的部分留给大家一起饮用。此外，这个时期的人类已经摆脱了以采集和狩猎为主的原始生活，迈向了以农业为基础的蓬勃发展的时代，人类开始栽培用于提供酿酒原料的葡萄树。这里所说的葡萄树，一开始实际上也就是把野生的葡萄树直接种植而已。但人类凭借在采集时代长期积累下来的经验，开始在山野里从具有相同生长环境的野生葡萄树中，选择更容易结果、果实口感更好的葡萄树进行栽培。被挑选出的葡萄树在经过反复的栽培后，逐渐被培育成比野生葡萄树更优良的品种。这就是今天学名为"亚欧种葡萄"（vitis vini fera——vitis 意为葡萄树，vini 意为"葡萄酒"，fera 意为酿造，vitis vini fera 即用于酿酒的葡萄树品种）的由来，自此，葡萄酒的质量也逐渐得到了改良。

葡萄酒的酿造就这样在与葡萄树栽培的紧密关联中发展到了今天。葡萄树的栽培使葡萄酒的历史从原始葡萄酒时代迈向了又一个新的阶段，为了与原始葡萄酒时代相区别，笔者将这一新阶段称为"旧葡萄酒时代"。

据说葡萄树的栽培最早始于里海南岸，能够证明这一点的最古老的证据来自 4300 年前的美索不达米亚地区，在苏美尔的乌鲁卡基那王（约公元前 2250 年）所留下的楔形文字中，出现了"栽培葡萄"的字样，当时的人们把栽培出的葡萄树称为"生命之树"。此外，据说有记载显示当时苏美尔的伊坦纳王（约公元前2800年）已经组织人开垦出了梯田状的葡萄山，并在葡萄山周边设置了防风林带。这大概是世界上关于葡萄酒酿造的最古老的文献。

在高加索山脉西南部的格鲁吉亚地区，发现了大约4000年前的葡萄酒壶和葡萄籽。经确认，这些葡萄籽是人工栽培所得，而且与今天的"亚欧种葡萄"十分近似。这足以证明，在当时，葡萄树的栽培已经有了相当长的一段历史。

如果说葡萄树的栽培标志着人类从原始葡萄酒时代迈向了旧葡萄酒时代的话，那么苏美尔人的滚印应该也算是旧葡萄酒时代的产物了吧！也就是说，史前时代的葡萄酒酿造是原始葡萄酒时代，而有史以后就进入了旧葡萄酒时代。

埃及的崛起

与苏美尔不同的是，埃及地区各种各样的历史遗物和遗迹非常丰富，为探究葡萄酒史带来了极大的便利。

埃及地区能证明葡萄酒酿造的遗物，比苏美尔人所留下的

古埃及壁画中描绘了葡萄栽种、收获以及酿造葡萄酒的情形

遗物晚了一个时代。首先是文字性遗物，发现了表面刻有"葡萄酒"（埃及语中发音为 IRP）字样的酒壶，其年代要比古王国起始期（约公元前 2850 年）还要古老。

由于这时已经进入了旧葡萄酒时代，所以栽培葡萄树也早已开始。埃及第一王朝时代早期的绘画中，就描绘有位于尼罗河三角洲地区的宫殿，其四周环绕着无花果树和椰树，庭院中搭着葡萄架的情景。虽然目前还无法断定埃及人的葡萄酒酿造技术究竟是向苏美尔人学来的，还是完全独立发明的，但由于当时的古埃及人和苏美尔人一样，将葡萄树称为"生命之树"，因此有很多学者猜测埃及人可能就是从苏美尔人那里学到了葡萄酒酿造技术。

神酒的起源

从文化史的角度来看，旧葡萄酒时代指的是有史时代之后的时期，人类的生活基础已经基本摆脱了采集经济，迈向了开垦田地、以农业为主的时期。在该时期，部族的首领或者是具有类似于族长地位的权贵们，逐渐发展成为具有王权性质的权力阶层。在此基础之上，又出现了巧妙地在精神层面上操纵这些掌权者的团体——宗教祭司，这使得宗教逐渐发展成了政治的基础。祭司们据此与掌握武力的权力阶层相联系，得以进入权力中枢，并产生了相应的统治阶级。

葡萄酒这类酒精饮料，饮用后多少都会对人的精神产生影响，或使人身心舒畅，或使人狂乱失常，兼具着让人愉快和痛苦的神奇力量。早自原始葡萄酒诞生之时起，原始人就将葡萄酒的这种特性归结于神明所为。饮用过葡萄酒后，身体上的些许伤痛很快就会被麻痹，心灵上的痛苦也能暂时得到缓解，使人沉浸于欢乐与幻想之中。葡萄酒中的酒精和色素类成分具有消毒作用，同时，作为碱性饮料所富含的大量维生素、无机盐又十分有益于健康。因此，原始人将葡萄酒的这些作用看作是神的恩赐，葡萄酒在人们心目中自然而然就成了神赐之水。

如此一来，葡萄酒在不知不觉间开始被赋予了宗教色彩，与祭祀等宗教活动联系在一起，逐渐成为只有权贵们才能享用的饮料。

苏美尔的朱迪亚王将葡萄酒看作是丰收之神尼努尔塔所赐的饮料，为了向尼努尔塔祈求长寿，朱迪亚王时常将葡萄酒与蜂蜜混在一起享用。此外，埃及人也将葡萄酒看作是神明所饮用的饮料，阿曼霍特普三世将阿蒙神（隐藏者的意思）放在鲜花和葡萄酒中间进行祭祀，他们还把葡萄酒当成是祭祀用的一种供品。

　　葡萄酒作为如此贵重的东西，在献给寺院和统治者时，一定要严防偷喝和混入水等异物。酿造葡萄酒的工匠们为了维

将阿蒙神放在鲜花和葡萄酒中间祭祀

护自己的生命和荣誉，便机智地发明了前文叙述的使用滚印
的方法。

葡萄酒从权贵们的专属享受，发展到在普通民众中得以普
及，似乎还需要一个时代。而啤酒的先祖却已经以强劲的发展
态势出现了。当然，由于当时的人们并不懂得使用啤酒花，啤
酒的味道还远逊于葡萄酒，而且原料也是比较容易获得的谷物，
所以啤酒并没有像葡萄酒那样得到权贵们的青睐，但却更先一
步在大众中得到了普及。当时，无论是埃及地区还是美索不达
米亚地区的人们，都已经开始大量饮用啤酒了。

旧葡萄酒的芳香

如上所述，葡萄酒与宗教联系在一起，并作为权贵们眼中
的最佳饮料逐渐发展起来。人工栽培的葡萄树不断得以改良，
葡萄酒酿造技术也日益进步。然而，总体来说，这个时期的葡
萄酒依然非常浑浊，具有较重的涩味、苦味和酸味。

在前述的格鲁吉亚地区，还出土了约 4000 年前的葡萄榨
汁器，该榨汁器是用石头做成的，主要由两部分构成：一部分
是盛装葡萄的桶，另一部分是便于葡萄汁流出来的沟槽。榨汁

的时候，除了葡萄果肉和葡萄籽，就连茎的部分也混在其中。

　　此外，据先知以赛亚所言，当时关于葡萄山的工作几乎有全面的记录。据说在采摘葡萄的时候，人们会使用专用的剪刀将葡萄连着藤蔓一起剪下来，这样酿造出来的葡萄酒难免会带有涩味和苦味。即便如此，无论是在今天还是在古代，葡萄酒作为一种果实酒，果味都必然是它的主要味道。葡萄酒本身就具有其独特优雅的香味，再加入适量的蜂蜜后，就更能与少量的酒精成分一起营造出一种欢乐的气氛，这就使得葡萄酒在当时大受权贵们的青睐。

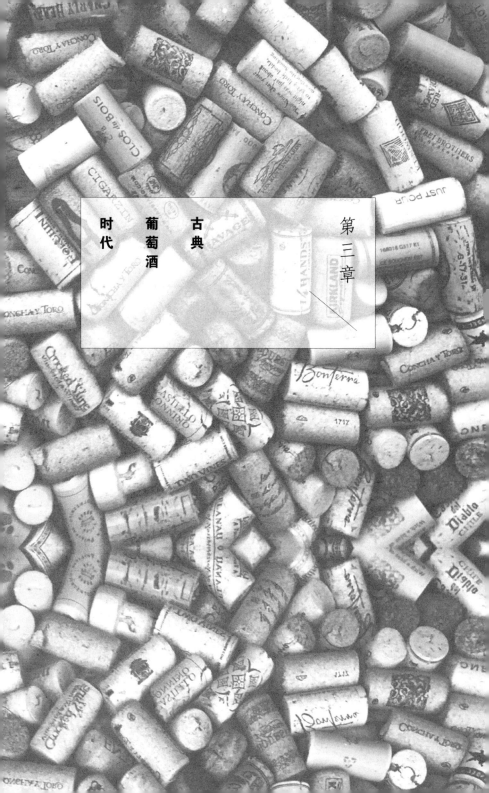

第三章

古典

葡萄酒

时代

葡萄酒酿造的革命

葡萄酒的酿造技术作为先进技术，出现后便迅速向周边地区传播开来。由埃及到以色列、叙利亚，进而到小亚细亚，最终传播到了里海沿岸各国。总体来看，就是从所谓的"肥沃新月地带"，逐渐向四周地区渗透。在这些地区，巴比伦、亚述、赫梯、希伯来等各民族的人们一边进行着武力和文化上的竞争，一边期盼着葡萄酒的到来。

当近东地区被葡萄酒那优雅的芳香所包围，也就是公元前一千五六百年，葡萄酒的酿造终于出现了一场重大的革命——酿造过程中过滤技术的发明。据此，葡萄酒才从以往浑浊不堪的状态，进化到了现在的透明状。

所谓过滤技术，在今天我们看来，就是漫长历史进程中一个平淡无奇的片段，一个不值一提的操作而已。

　　例如在埃及和以色列，人们会将采摘的葡萄放在木桶中，
然后光着脚将其踩碎。这种制作葡萄浆的方法，在尽量不伤及
果皮、茎、葡萄籽的前提下就能将葡萄果肉踩碎，因此减少了
苦味和涩味的产生。直到新葡萄酒时代以前，很多国家都在沿
用这种方法。而过滤就是将由此制成的葡萄浆放在布袋中，再

踩踏葡萄

分别握住布袋的两端并向相反的方向拧，将葡萄汁挤压出来。就是这种简单的过滤方法，使得酿出的葡萄酒的品质得到相当大的提高，因为这大大减少了以前将果皮和果茎一起发酵而产生的怪味。在这一时期，人们还会将发酵好的早期葡萄酒用布再过滤成透明状的葡萄酒。

此外，从这时起，葡萄树的栽种也越来越多，栽种面积显著扩大，葡萄的产量激增，葡萄酒终于在近东地区得到了真正的普及。

原本专属于权贵们的葡萄酒，开始在富裕阶层和商人群体中普及，并最终走进了农民和一般市民的生活中。精明的腓尼基商人自然不会放过这大好的商机。葡萄酒经由他们之手，开始越过地中海，被运送到了爱琴海诸岛以及欧洲大陆。

自此（公元前一千五六百年）以后，就真正进入了透明葡萄酒生产和消费的时代。这一时期被称为"古典葡萄酒时代"。

到了这个时期，除了苏美尔和埃及等旧葡萄酒时代的中心地区之外，葡萄酒的酿造在整个西亚地区盛行。此外，葡萄酒还成为非常重要的商品，各地的考古发现都能证明当时葡萄酒交易的繁盛景象。从底比斯古都到现在的亚美尼亚地区，形成了广阔的葡萄酒文化地带。

在埃及等地，出土了数之不尽的关于葡萄酒的遗存。有趣的是，据文献记载，当时的人们已经发现了葡萄酒在经过长期储藏后，会逐渐成熟，香味与口感均变得更为醇厚，于是开始研究长期储藏葡萄酒的方法。令人吃惊的是，有记录显示，当时的人们甚至已经开始享用储藏了两三百年的葡萄酒。在炎热的埃及，很难想象使用普通的储藏方法就能将葡萄酒储藏数百年之久。据说当时的埃及人已经掌握了某种防腐剂的用法，对于连人体都能保存 5000 年之久的埃及人来说，将葡萄酒储藏一两百年，应该也是易如反掌。

此外，令人惊奇的是，甚至在曾经的乌拉尔图王国首都吐施帕城（今土耳其凡城）也发现了与葡萄酒相关的器具。在特什拜尼发现了足以储藏 15 万升葡萄酒的大型地下酒窖，从阿契美尼王朝的首都波斯波利斯发现了数量庞大的葡萄酒杯，由此可以遥想出，那位曾君临整个西亚的波斯国王举办"王中之王"酒宴时的盛景。

值得一提的是，无论是在波斯波利斯宫殿还是在埃及，都已经出现了制造玻璃的技术。早在公元前 1500 年左右，就已经开始使用玻璃杯饮用葡萄酒。然而，普通民众使用的杯子似乎大都还是陶制品或用兽角制成的角杯。此外，公元前 1400

年左右，赫梯国王曾通过制定律法统一葡萄酒的价格，由此可见，葡萄酒对当时的社会经济产生了巨大的影响，已经成为重要的农产品。

酒的两面性

如前所述，葡萄酒在饮用后必定会对人的身心产生影响，或使人愉快，或使人痛苦，葡萄酒的一大特性就在于这种两面性。

与其他酒精饮料不同的是，葡萄酒对于以难以消化吸收的羊肉为主食的近东地区的人们来说，应该是一种非常有益的保健饮料。葡萄酒不仅有益健康，而且能够治愈人们的悲伤和痛苦，可以想象她为人类带来了无与伦比的幸福。

与此同时，如果饮用不当的话，葡萄酒也会使人做出狂暴、粗野、冲动的行为，导致重大的失策。在历史上，类似的悲剧屡见不鲜。

人类通过漫长的历史经验，逐渐将葡萄酒作为酒精饮料所具有的矛盾的两面性，归结于神的所作所为，并努力直面这种矛盾，想尽办法驾驭它。此后，葡萄酒古代史的一贯基调，成为人类与酒精的斗争，即人类如何千方百计地去控制酒精的不利面，并在此基础上享用葡萄酒。

汉穆拉比王的限令

首先是古代巴比伦王国的汉穆拉比王，曾通过颁布著名的《汉穆拉比法典》对饮酒进行了严格的限制。这部法律被刻在巴比伦的马尔杜克寺院的石柱上，这些碑文已经经历了4000年的风雨，被誉为法律的始祖。通过阅读碑文，可以看出这位明君曾试图使民众形成一种关于饮酒的道德观念。这说明，早在4000年前，人们就已经充分认识到了酒精饮料所具有的两面性。

碑文中严令禁止在神殿中供职的女性进行与葡萄酒有关的商业行为。神殿里有很多进献而来的葡萄酒，由于一些神官和僧侣受制于不能贩卖贡品，就指使亲近的女性或在寺院供职的女性倒卖葡萄酒从中获利。碑文中的这一禁令大概就是为了肃清这种腐败行为。

此外，这部法典还禁止将葡萄酒卖给酗酒的恶人和酗酒闹事者，这大概是为了减少醉酒者给民众带来的麻烦。在此基础上，连葡萄酒商的销售量本身都受到了限制，无节制地售卖葡萄酒是不被允许的。一旦出现违法行为都会受到严厉惩罚。

有趣的是，进入葡萄的收获期后，饮酒行为也要受到限制。从古至今，人们都认为栽种葡萄树的农民可以自己酿酒，所以唯有他们能随心所欲地饮用葡萄酒。然而在当时，由于葡萄酒是一种非常贵重的饮品，为了确保下一批葡萄酒的质量，在葡萄收获这个重要的时期，要限制农民的饮酒行为，防止他们因为酗酒而怠慢了葡萄山的工作。但如果只禁止栽种葡萄树的农民饮酒，而对普通民众却不做要求的话，农民就无法安心工作，所以法典中平等地限制了所有人在这一重要时期的饮酒行为。

总之，这位明君显然是充分意识到了作为酒精饮料的葡萄酒，在饮用后能给人带来味觉和精神享受的同时，又隐藏着可怕之处的事实，才颁布了这样的限令。

酒神的出现

然而，想要利用法律抑制人们对酒的嗜好并非易事。就像现代美国臭名昭著的禁酒令屡屡失败后，只留下了黑帮和黑市的"成果"便烟消云散了。从古至今，唯独这类事情单靠法律是无法顺利解决的。于是古人借助宗教的魔力——利用神的权威，通过酒神信仰，来控制饮酒行为。

最先出现的酒神包括埃及的奥西里斯、亚述的塞伊斯特罗斯、色雷斯的萨巴支阿，接着又出现了希腊的狄俄尼索斯，罗马的萨图恩、巴克斯等，这些普遍具有恐怖和喜悦两副面孔的神成为葡萄酒文化的象征，并在漫长的古代史中始终作为酒神影响着酒与人类的关系。

实际上，这些具有不同名称的、各民族的酒神，其实是同一个神。他们的起源都是在希腊以前的古代，出现于近东地区的狄俄尼索斯信仰，只不过在融入各地区和各民族的过程中，被赋予了不同的名称而已。

酒神的两面性

埃及奥西里斯神的名字最早起源于尼罗河的泛滥。然而也正是由于洪水的到来，才使得尼罗河三角洲变成了肥沃的土地，由此带来了农作物的丰收。基于对尼罗河洪水既爱又恨的情感，奥西里斯作为农业的守护神备受埃及人崇拜，这就是埃及对狄俄尼索斯信仰的接纳方式。泛滥和丰收这两种完全相反的特性，与酒既带来欢乐又带来痛苦的特性正好吻合。

希腊的狄俄尼索斯最早也是农业之神，然而这位给人类带来丰收的善神，却出生于火山之中，具有极为可怕的火焰特性。他与生俱来的火焰性与葡萄酒所具有的火焰性（酒精饮料的特征）相结合，故在希腊人心中始终占据着酒神的位置。

狄俄尼索斯是宙斯与其情人塞墨勒之子。宙斯的妻子赫拉因为嫉妒，在得知宙斯总是变成凡人的样子与塞墨勒约会后，便怂恿塞墨勒的乳母告诉塞墨勒，她的爱人是变过装的，他本是一位风流倜傥的年轻美男子，一定要让他显现真面目。于是，当宙斯再来看塞墨勒时，塞墨勒便如此央求宙斯，宙斯无奈只得向她显现威严真相。当宙斯手持雷电变回真身的瞬间，塞墨勒就被烧死了。然而，当时的塞墨勒已经怀有身孕，宙斯迅速将胎儿从塞墨勒的腹中取出并缝入自己的大腿，直至其满月，这个胎儿就是后来的狄俄尼索斯。

身世如此不凡的狄俄尼索斯十分勇猛、果敢，他遍游东方，兵不血刃就征服了印度。一方面，他指导农业生产获得丰收，又教会了人们栽培葡萄树和养蜂等技术，有大恩于万民；另一方面他冷酷无情地抛弃了自己在纳克索斯岛上迎娶的阿里阿德涅公主。色雷斯国王吕库古斯和底比斯国王彭透斯，因看不惯狄俄尼索斯的信徒们在祭典上狂醉淫乱的行为，就强令限制人

狄俄尼索斯雕像

们对狄俄尼索斯的信仰。狄俄尼索斯为此大发雷霆，弄瞎了吕库古斯的双眼，将彭透斯撕成碎块，还把那些因厌恶而未去参加祭典的妇女变成了蝙蝠，手段极尽残虐。

　　狄俄尼索斯信仰原本诞生于近东地区，后又传到了希腊。古代近东地区的人们对葡萄酒这种酒精饮料又爱又惧，狄俄尼索斯可以说正好迎合了这种心理。然而令人惊奇的是，狄俄尼索斯信仰的传播路线，与葡萄酒自身的传播路线——地中海路线并不一致，而是直接通过大陆，从色雷斯经由希腊北部传播到了南方。在色雷斯，人们通常认为酒神教会了他们用大麦酿酒，也就是啤酒的酿造方法，但到了希腊，却变成葡萄酿酒。

　　罗马时代早期被人们尊崇为酒神的萨图恩（相当于希腊神话中的克洛诺斯），此前实际上并不是酒神。萨图恩是通过弑父才夺得主神之位的，因担心会被自己的后代同样弑杀，便将子女们全部吞食。然而，当宙斯出生时，萨图恩的妻子瑞亚用襁褓裹了一块石头，冒充婴儿让萨图恩吞了下去，宙斯被秘密抚养长大。此后，瑞亚又用同样的计策救下了尼普顿（希腊名为波塞冬）和普鲁托等子女。最终，正如萨图恩所担心的那样，他被成长起来的宙斯推翻，剥夺了最高权力。好不容易保住了性命的萨图恩逃出天界来到意大利避难，得到了意大利守门神雅努斯的救助，为了报恩，他开始教人们从事农业，并洗心革面实行善政，后受到了意大利人民的尊崇。

然而在迦太基，萨图恩是位非常可怕的神，萨图恩的祭坛上甚至会要求杀死婴儿作为祭品。当萨图恩刚刚成为罗马的酒神时，人们对于包括葡萄酒在内的酒类非常节制，几乎不接受葡萄酒。萨图恩似乎就象征着酒精所具有的可怕一面。

在雅典、罗马、伊斯坦布尔等古都，存在大量与这位狂舞于深夜的怪异酒神相关的绘画和雕像。那些雕像都笔直地挺立在博物馆昏暗的房间里，有时是缺了牙的可爱老爷爷模样，有时是神情冷漠、鼻梁挺直的年轻人模样，但无论是哪种样貌都表现出了狄俄尼索斯的两面性。然而，巴克斯这位酒神通常是一副愉悦可亲的面孔，即使是满脸胡须的威严模样，也不会让人感到很害怕。狄俄尼索斯与巴克斯原本是同一个神，只是在希腊语和拉丁语中的名字不同而已。希腊人的感知方式和思考方式带有浓厚的亚洲色彩，狄俄尼索斯作为希腊人的酒神也具有互相矛盾的两面性。以巴克斯的名字重生后的狄俄尼索斯，则成为罗马时代后半期的酒神。罗马人乐于享受和讴歌葡萄酒带来的欢愉，巴克斯则完全迎合了罗马人的这种饮酒观。罗马时代早期的酒神是可怕的萨图恩，而在公元前 3 世纪以后，罗马进入了葡萄酒的全盛时代，并将葡萄酒文化这一遗产留给了后世。由此看来，巴克斯这位酒神就像是从狄俄尼索斯身上消除了萨图恩的残忍一面之后所留下的部分，这在后文中将会详细讲解。

所谓的神，指的并不是"神"这种绝对的存在，而是指神与其信徒间的相对关系。即使是同一个神，如果信仰他的人是不同民族的话，那么根据信仰者主体性的不同，神的形象也会随之发生相应的变化。

就像希腊人和罗马人对待葡萄酒的方式各不相同一样，尽管狄俄尼索斯与巴克斯十分相似，但依然可以认为他们是不同的神。

从汉穆拉比王起，直到多米提安和普罗布斯两位皇帝，都抓住了葡萄酒所具有的矛盾的特质，从政治上约束人与酒的关系。身处古代史中的人们，就是伴随着喜悦和痛苦，与葡萄酒一起一路走来的。

葡萄酒的药效

也许正是因为"毒药也是药"，具有可怕一面的葡萄酒也

狄俄尼索斯的不同面孔

对人类的健康发挥着巨大的作用，而且这种作用不仅仅体现在
它能给人带来沉醉愉悦的心情。早在古代，人们就开始积极地
将葡萄酒作为治病的药物使用。如前所述，对于几乎已经被羊
肉脂肪包裹的西亚人的血液来说，葡萄酒无疑是一剂特效药。
从这个意义上来看，葡萄酒已经发挥了帮助人们日常保持健康
的保健酒的作用。不仅如此，它甚至还是一种用于治病的药物。

在当时，葡萄酒已经出现在了医生给病人开的处方之中，并且还表现出了令人满意的治疗效果。

首先，葡萄酒中的酒精可以帮助人们快速麻痹神经、忘却痛楚；此外，葡萄酒作为唯一的碱性酒精饮料，即使是在今天也发挥着惊人的保健作用，对于身体虚弱或大病初愈的人而言，都是一剂效果显著的良药。从这个角度来看，葡萄酒所具有的药效即使在现代也是非常显著的。欧美各国的近代医学都与葡萄酒有着密切联系，许多医生都将葡萄酒作为药物使用。特别是对斑疹伤寒、白喉、疟疾、败血症、肺炎等疾病更有奇效。即使是在今天，德国路德维希港、美因茨大学以及美国巴尔的摩大学的几位著名葡萄酒医学专家，也发表了许多关于葡萄酒药效的研究成果；日本的药典《日本药局方》中还有葡萄酒这味药。

古代的医生大多都是神职人员，他们的治疗方法基本都是通过祓除或咒术驱除病魔。完成祈祷后，他们会给病人配些葡萄酒当药，以确保治疗效果。当时的人们，只能靠一粒丹药治疗很多病症，葡萄酒对于他们来说，应该算是灵丹妙药了。特别是加了大量蜂蜜的葡萄酒，经常会被医生当成止咳的特效药开给病人。

在波斯，人们将葡萄酒誉为"药中之王"。波斯人对葡萄酒的这一赞誉背后还有一段非常有趣的逸话。

为了一次能够酿出更多的葡萄酒，据说贾姆希德王下令全力挤压葡萄果实。于是工匠们便将葡萄连同果皮和果茎一起榨成了汁。如此酿造出来的葡萄酒自然十分苦涩，贾姆希德王只尝了一口就说"这就是毒药"，随即丢掉了葡萄酒壶。之后的一天，一个女仆因不堪日常繁重的劳作想要自杀，便喝了一口国王扔掉的"毒药"，没想到反而更有精神了。她不死心，又喝光了酒壶里剩下的全部葡萄酒，以致酩酊大醉。由于平时夜以继日的劳作导致睡眠不足，加之醉酒，这位女仆因此昏睡了三天三夜。当第四天早上醒来时，她顿感神清气爽，宛如新生。得知此事的贾姆希德王大悦，不停地称赞说："这真是药中之王啊。"

葡萄酒的普及

虽然过量饮用葡萄酒，会导致酒后误事，招惹是非，但葡萄酒依然以其令人沉醉的口感、优雅的芳香、强劲的酸味等魅力，征服了西亚的人们。

从尼罗河三角洲到以色列、叙利亚的丘陵地区，甚至是小亚细亚的山区，更远的亚美尼亚和格鲁吉亚的群山之中以及黑海沿岸，到处可见葡萄园蜿蜒伸展，最终甚至越过地中海，到达了爱琴海诸岛，为越来越多的地区带来了葡萄酒的芬芳。

埃及在进入了新王国时代以后，开始大量饮用葡萄酒。图特摩斯三世要求他的官员们每天饮用葡萄酒；拉美西斯三世的宫殿外满目尽是葡萄园；塞提一世朝廷发给官吏们的俸禄清单中，除了果实、蔬菜、肉之外还有葡萄酒。此外，还有记载显示妇女们也开始大量饮用葡萄酒。

在此背景之下，活跃的腓尼基商人们终于将葡萄酒以及葡萄酒的酿造方法，带到了地中海彼岸的爱琴海诸岛上，这大概是公元前 2000 年前的事情。随后，以此为源头，后一个时代的希腊人便真正开始致力于葡萄酒的酿造。随后的罗马人将其发扬光大之后，希腊成为欧洲葡萄酒文化的始祖，并且奠定了现今全世界葡萄酒的基础。也就是说，葡萄酒早已经深入希腊文化的前身——迈锡尼文明之中。

据说，由于葡萄酒的普及，仅靠尼罗河一带的葡萄酒已经无法满足埃及人的需求，他们甚至还要从以色列和克里特岛等地大量地进口葡萄酒。

　　葡萄酒文化圈不断扩大，并最终走出了亚洲，迈向了欧洲。在当时的东地中海的各个岛屿上，由非雅利安人所创造出的最早的欧洲文化，构筑起了青铜器文化的黄金时代，葡萄酒文化自然也在这里扎下了根。

　　爱琴海文明的中心地位逐渐被希腊人所占据，对于在充满羊肉脂肪中成长起来的希腊人而言，葡萄酒那精致高雅的香味别具吸引力，他们甚至连对奥西里斯神的恐惧在内的葡萄酒文化，都毫不犹豫地接受了。

　　随后，希腊人正式开始致力于葡萄酒的发展，他们一边消化吸收着爱琴海文明，一边培育着属于自己的葡萄酒文化。此后，葡萄酒的芳香在地中海沿岸地区进一步飘散开来，公元前8世纪前后，以西西里岛和马萨利亚（现在的马赛）为基地的罗纳河畔，甚至位于伊比利亚半岛南部门拉卡附近的希腊殖民地，都已经开始开拓葡萄园，酿造葡萄酒了。

　　毫无疑问，在希腊本土，葡萄树的种植面积已经与橄榄树相当了。在紧随其后的下一个时代，希腊人完全变成了葡萄酒的俘虏，他们在信仰着狄俄尼索斯的同时，导演了古典葡萄酒时代最后的高潮。而希腊人所创造的包括葡萄酒文化在内的文明，最终被优秀的后继者罗马人所继承。可以说他们奠定了从古典葡萄酒时代向新葡萄酒时代过渡的基础。

葡萄酒的语源

"葡萄酒是由葡萄果实酿造而来"这种观点具有非常古老的历史，而且早在葡萄酒诞生的远古时期，人们就察觉到了葡萄酒对人类健康所发挥的奇效。因此，苏美尔人和埃及人都将提供葡萄酒原料的葡萄树，称为"生命之树"。

然而，对于这类古代语言，如果没有留下文献记载的话，我们是无从得知的。

古埃及所留下的遗物中，最古老的记录是年代比古王国起始期（约公元前 2850 年）还要古老的酒壶上所刻的代表"葡萄酒"的象形文字，该象形文字读作"IRP"，但现在还不能确定它是否就是所有语言中"葡萄酒"的语源。

比这个酒壶年代稍晚一些的遗物，有公元前 1400 年左右的乌加里特的楔形文字。由于这种文字已经无人使用，所以不能确定它的正确发音。据说可能读作"YAINU"。至于究竟是"YAINU"在埃及被讹传成了"IRP"，还是正好相反，抑或是这两个古语之间本身就毫无关系，这些都不得而知。

关于葡萄酒起源的争论，一元说略占优势，但也有人支持二元说。苏美尔人和埃及人都将葡萄树称为"生命之树"，这究竟是两者之间虽本无关系，只是他们各自根据自身的体验为葡萄树起的名字正好相同呢，还是因为埃及人是从苏美尔人那里学来的葡萄酒酿造技术呢？关于这一点，今后考古学界还将会继续争论下去吧。

同样是在公元前十四五世纪，赫梯楔形文字中代表"葡萄酒"的文字发音为"WIYANAS"，该发音比起"IRP"，更接近于"YAINU"。这大概是因为赫梯与苏美尔之间的接触更为频繁。此外，赫梯语"WIYANAS"的词尾为"–AS"，具有雅利安语系的形态特点。

与此相对，出现于圣经中代表"葡萄酒"的希伯来语有"JAJIIN""YAYIN""YAIN"等形态。这些词不知何时演变成了古希腊语中的"WOINOS"（词尾加"–OS"）、拉丁语中的"VINO"，并最终演变成了现在的"VIN"（法语）和"WEIN"（德语）。而闪族语中的"YAINU"、赫梯语中的"WIYANAS"，都是葡萄酒文化在西亚一带来回传播的结果，实际上他们都有着相同的语源。

闪族语，例如希伯来人的语言中，由于没有 W 音，就用

Y 代替了 W，所以"YAINU"与"WAINU"实际上是一样的。"YAINU"后来演变成了"YINE"，并最终形成了英语中代表葡萄酒的单词"WINE"的词源。

在葡萄酒还被称为"YAINU"或"WIYANAS"的年代，人们需要心惊胆战地讨好神和权贵们，以求分得一点赏赐来饮用葡萄酒。而到了葡萄酒被叫作"WOINOS""OINOS"或"VINO"的时代，人们便已经无所畏惧，可以随心所欲地痛饮葡萄酒了。

希腊人和后期的罗马人饮用葡萄酒已经没有任何限制，他们渴了也喝葡萄酒，饿了也喝葡萄酒，简直就像喝水一样。

欧洲葡萄酒的诞生

作为欧洲文明的源头，统治了世界长达 3000 年之久的希腊古典文化，是由位于欧洲东南部一隅上的希腊民族建立起来的。而它的前身则是由雅利安人的土著民族建立起的爱琴海文明。爱琴海文明是公元前二十四五世纪来自亚洲的文明之花，在东地中海的各个岛屿上绽放的成果，葡萄酒的酿造也同样作为自亚洲而来的输入文化，被爱琴海文明所吸收。

雅利安人中的迈锡尼民族，曾自欧洲本土入侵了克里特岛等地。后来，这些迈锡尼人以希腊人独有的方式慢慢消化和吸收了爱琴海文明，并使得爱琴海文明发生了变化，而展现出这种变异的标志之一就是陶杯。雅利安人的高脚杯与克里特人所烧制的陶杯风格大相径庭。一般认为，雅利安人的高脚杯是用转盘制作出来的。如此看来，也许在公元前一千七八百年前，在这亚洲文明之花怒放的地中海诸岛上，属于雅利安语系的欧洲入侵者们就已经使用这些酒杯，使其成为品尝葡萄美酒的始祖。

在入侵者到来以前，克里特岛上的青铜器文化繁荣已久。然而，先住民们所创造的爱琴海文明，最终还是被入侵者迈锡尼人取代了主人公的位置，历史也迈向了希腊文化的始祖——东地中海上的迈锡尼文明时代。迈锡尼文化留下了数量极为庞大的遗存，特别是克诺索斯宫的发现，具有重大意义。

著名的德国考古学家海因里希·谢里曼最早预言了克诺索斯宫的存在，但并未找到它。随后，英国考古学家阿瑟·伊文思发掘出了这座建造于克里特文明鼎盛时期的宫殿。克诺索斯宫的发掘，使我们能轻易想象到当时米诺斯王的仆人们在宫中尽情畅饮葡萄酒的情景。

在克诺索斯宫的遗迹中发现了数量庞大的壶，这些壶自然不可能全都是用来装葡萄酒的，其中也有用来装橄榄油、蜂蜜和水的。但从这实在过于惊人的数量来看，克诺索斯宫殿里的葡萄酒应该不仅仅是供仆人们饮用的，这位米诺斯王可能还广泛组织着葡萄的贩卖、出口等交易。关于这一点，克诺索斯宫中一同发掘出的泥板文献，以及从位于对岸亚洲一侧的皮洛斯的涅斯托耳宫殿中发掘出的古希腊语系泥板记录，都是很好的证据。

希腊人中的一部分，可能早在公元前 1800 年前，就已经一边眺望着美丽的爱琴海，一边用高脚杯享受着葡萄美酒了。在之后的时代里，他们的同胞相继脱离了北方的山林地带，向南欧的海岸移动，也就是所谓的多利安人入侵希腊。随后，雅利安人开始定居于希腊本土以及周边的岛屿，并逐渐发展成了之后的阿卡亚人，也就是希腊人。爱琴海文明在不知不觉间消失，取而代之的迈锡尼文明诞生了。迈锡尼文明成为绚烂的古希腊史的前奏曲，标志着人类历史正式拉开了序幕。此后连续上演的便是以特洛伊战争为开端的古希腊史大剧，其主角便是迈锡尼王国的阿伽门农王统率的阿卡亚人。而葡萄酒文化便在其中孕育发芽。自此，希腊人便开始了与葡萄酒亲密无间的交往，这种交往正是今天传播于全世界的欧洲葡萄酒文化的源头。

克诺索斯宫殿遗址

荷马之歌

说起关于希腊葡萄酒文化最古老的文献，就不得不提到荷马史诗。在荷马所作的两大雄伟的史诗《伊利亚特》和《奥德赛》中，多次出现了关于某国某地的葡萄种植情况以及与葡萄酒相关的故事。

不论这些故事源于史实还是由神秘传说而来，我们都可以认为，在荷马的时代（公元前8世纪），葡萄酒已经深深融入希腊人的生活之中。

　　以"愤怒"一词开篇的长篇史诗《伊利亚特》，大概是想说"愤怒"正是人世间生活的源头吧。至少希腊人的世界就是由"愤怒"开始的。而且无论古今，只要有"愤怒"出现，就一定有酒相伴。斯巴达王墨涅拉俄斯的愤怒是被美少年帕里斯夺走了美艳绝伦的皇后海伦。而英雄阿喀琉斯的愤怒则源于舍命得来的战利品——美丽女奴布里塞伊斯被上司阿伽门农夺走了。这两个人为了能从愤怒的痛苦中解脱出来，都曾痛饮葡萄酒。在这种情况下，葡萄酒发挥了麻醉药的作用，暂时缓解了他们心中的苦痛。但人的性格不同，在麻醉起效、终于忘却痛苦陷入睡眠之前，很多人都会因酒精的刺激而更加痛苦甚至发狂。这两人应该也都曾在盛怒之下将酒杯摔到地上。不同的是，墨涅拉俄斯用的是陶制的高脚杯，摔在地上会破碎成渣，这多少能让人心情畅快一些。但阿喀琉斯当时是在战场上的军营里，用的应该是角杯，角杯只会滚在地上而不会破碎。希腊人早期使用的酒杯大都是角杯，这种用羊角或牛角制成的杯子喝起酒来很不方便。而希腊上流社会的人们常用的都是陶制酒杯，到了后期还出现了黄金酒杯。实际上，亚洲各国除了使用玻璃杯外，也很早就开始使用黄金酒杯了。特洛伊遗址中就曾出土过

荷马

金杯，也许阿喀琉斯的军营里也有作为战利品的金杯，所以当时被摔在地上的也有可能是黄金制成的酒杯，但金杯也同样只会在地上翻滚而不会碎掉。

　　荷马生活在公元前8世纪，当时的希腊文化已经完全成形，即将进入鼎盛时期。而荷马史诗的主题则是公元前1300—公元前1200年的特洛伊战争，也就是希腊文化确立以前的传说时代。和辻哲郎所著的《荷马批判》一书，介绍了维拉莫维茨·默伦多夫和吉尔伯特·默里等学者对荷马的研究成果，其中写道：

"荷马史诗的主题确实是迈锡尼文化，但这些材料得以结晶成美丽的形式时，实际上已经到了希腊文化的高度发展时期。"也就是说，史诗主题的传说时代，其实是运用五个世纪后的知识写就的，所以很有可能会出现时代上的错误。这么说来，荷马史诗中有关葡萄酒文化的内容，也同样可能出现时代前后的错乱。例如，荷马史诗中讲述了关于宴会上葡萄酒的饮用方法，盛装在大杯子里的葡萄酒先由主人喝过后，再依次传给坐在右边的人，即逆时针方向轮流饮用。但是这种成为希腊式葡萄酒文化基础的饮酒礼仪，究竟是在传说时代就已经形成，还是受公元前 8 世纪古希腊文化的熏陶成长起来的荷马，根据当时已经确立的葡萄酒宴席的礼仪以及自己的社会生活知识描绘出来的呢？这些都不得而知。

　　但无论如何，在爱琴海文明消亡后到荷马时代到来前的这段时间，也就是文化上略显倒退的约 5 个世纪的传说时代里，唯有葡萄种植和葡萄酒文化牢固地在民众中扎下了根。因此在希腊时代到来之时，葡萄酒文化之花实际上已经绽放过一次了。早在希腊时代早期，陶制酒杯和酒壶上就出现了狄俄尼索斯的图案，因此，在《伊利亚特》和《奥德赛》所描写的时代里，葡萄酒文化也应该已经稳稳地为希腊时代的到来做好了准备，将酒杯传向右侧这一希腊式饮酒礼仪，也许已经成了习惯。

在古代社会中，如果不时常做好战斗准备，就很可能会被别人杀死。所以古代人多勇猛豁达，尤其是以尚武精神著称的活泼的希腊人。因此，他们在痴迷于葡萄酒那优雅芳香的同时，也喜欢每一节都带有强韧的拧绕力度的葡萄蔓图案装饰。《伊利亚特》中就有对著名的阿喀琉斯之盾上的葡萄蔓图案的精彩描写。类似主题的图案在赫西俄德（公元前 8 世纪）笔下的赫拉克勒斯之盾中也能看到。

贵腐葡萄

尤为吸引人的是，《奥德赛》中记载了腓依基国王阿尔喀诺俄斯宫殿的庭院里种植的贵腐葡萄，以及用这种贵腐葡萄酿造出的优质甜葡萄酒。在一种名为"灰葡萄孢菌"的霉菌的作用下，葡萄果皮破裂，内部的水分得以蒸发，使得葡萄的酸味得到改善，只浓缩保留了最好的主要成分。用这种葡萄的果汁能够酿造出优质的高级葡萄酒。一般认为，现在德国的顶级葡萄酒"特级迟摘粒选"（trockenbeerenausless），是 1775 年在莱茵河畔的约翰内斯堡葡萄园中偶然发现的。但这类甜葡萄酒

阿喀琉斯之盾

实际上早在荷马时代就已经被发现了。在德国境内北纬50°附近，几乎已经到了适合种植葡萄树的纬度范围内的最北端。在这种地方想要获得与贵腐葡萄类似的葡萄，必须要将果实留在树上，放置多日之后再采摘，也就是所谓的"德国式迟摘法"。这种方法所产生的效果直到1775年才被发现。而荷马所描述的贵腐葡萄，由于是在地中海沿岸，所以并没有迟摘的必要，充分利用灰葡萄孢菌就能够酿造出优质的葡萄酒。只要自然界中存在这种菌，那么荷马时代也是有可能出现贵腐葡萄的。直到今天，法国的波尔多还在利用这种菌进行葡萄的"贵腐化"，并以此为原料酿造出口感醇厚的甜葡萄酒，伊甘酒庄的白葡萄酒就是其中的典型代表。

除了迟摘法之外，还有一种方法就是在光照充足的院子里铺上稻草，然后把采摘的葡萄置于稻草之上，以日晒的方式使葡萄的水分蒸发后，其中的糖分就会得到浓缩，用这种浓缩的葡萄汁酿造出来的酒称为"稻草酒"。依笔者愚见，阿尔喀诺俄斯王庭院中所酿造的葡萄酒使用的可能就是这种方法。在温暖的地中海沿岸，用这种方法很容易就能够得到干葡萄，而且这对于古代人来说也是不难做到的。

无论是用灰葡萄孢菌酿酒，还是用晒干葡萄法，古人能掌握如此复杂的技术都是令人非常吃惊的。虽然很难断定使用贵腐葡萄酿造葡萄酒具体是在什么时代，但赫西俄德曾描述过醇厚的甜葡萄酒在欧洲各国极受欢迎的情形却是不争的事实。由此看来，无论使用的是灰葡萄孢菌酿酒，还是日晒干燥法，人们应该很早就已经掌握了葡萄果实的"贵腐化"这一知识和技术。可以确定的是，在整个希腊和罗马时代，人们都享受到了以贵腐葡萄为原料酿造出的甜葡萄酒那醇厚、庄重的口感。

希腊人的味觉

在当时，这种高级葡萄酒的产量应该是非常有限的，所以只有少数特定阶层的人才能享用，而这些人应该也都曾竭力赞美过葡萄酒的醇厚和甘甜。古代人大都格外喜欢甜味，在各类葡萄酒中，似乎也尤为偏爱甜葡萄酒。希腊人、罗马人以及近东地区的人们都非常喜欢往葡萄汁和葡萄酒中加入蜂蜜一起饮用。

这可能是由于在咸、甜、酸、苦、涩这几种主要的味道中，对于古代人而言，最缺乏的就是甜味。古时，人们还没有掌握制糖技术，能够从自然界中获得的甜味只有成熟的水果和蜂蜜。然而，那时候的果树园艺技术尚不发达，果实也基本等于自然果实，甜度和我们今天的改良水果根本无法相提并论。至于蜂蜜，由于养蜂在当时尚未普及，再加上人口的增加，自然也是供不应求。因此古代人的日常饮食与甜味几乎是无缘的，也正因如此，甜味对于他们来说自然比其他味道更为宝贵，带给他们非同寻常的味觉享受。

包括希腊人在内的古代人都喜欢将蜂蜜混在葡萄酒里一起

饮用，这对于已经吃惯了点心、水果和白砂糖的现代人来说是无法接受的嗜好。

虽然这时的葡萄酒还和旧葡萄酒一样，除了特殊的贵腐葡萄外，口感大多都是酸涩而富于刺激的，但对于近东地区以牛羊肉为主食的人们来说，葡萄酒依然是神奇的保健饮料，并且能给他们带来味觉上的调和。希腊社会在继承了海洋民族所建立的爱琴海文明后，主食逐渐从羊肉变成了鱼肉，羊脂也被橄榄油所取代，对于葡萄酒味道的追求也就从原本单一的酸味变得越来越多样化。由此，葡萄酒的酿造技术不断进步，特别是不同产地、不同味道的葡萄酒开始受到关注。而这种倾向，最终成为未来酿造葡萄酒的天才——罗马人可以继承的珍贵遗产。

有趣的是，科斯岛人为了提高葡萄酒的品质，会向其中混入盐水。说是盐水，其实使用的基本都是海水，虽然他们声称混入海水是为了改善葡萄酒的品质，但实际上应该是将海水当成一种保鲜剂加入葡萄酒中，以保证经过长期储藏后的葡萄酒的质量。无论地中海有多清澈，爱琴海有多美丽，把海水混到葡萄酒中，还美其名曰是为了改善品质，这实在是很让现代人费解。不过对于已经完全习惯了辛辣口感的古代人而言，这种酒也算不得什么苦。值得一提的是，这一习惯甚至被一部分罗马人保留了下来。

希腊人最早培养出了能够品尝葡萄酒微妙香味的味觉，在这一点上，他们的味觉获得了极高的评价。但不得不承认的是，在其他方面，希腊人也有着相当奇特的味觉嗜好。例如，他们经常会一边嚼着苦扁桃仁和生洋葱，一边饮用葡萄酒，甚至还喜欢把奶酪、小麦粉和葡萄酒搅拌在一起饮用，这种浓稠的液体，在今天看来实在让人觉得非常怪异。此外，他们还会往葡萄酒里兑橄榄油，直到今天，他们还会将松脂当成香料混在葡萄酒里一起饮用。总之，希腊人的味觉，在我们现代人所能够想象到的最大范围内，也称得上是独树一帜。

兑水葡萄酒

葡萄酒从近东地区传到欧洲后，首先在希腊普及开来。希腊人的口味十分独特，除了蜂蜜之外，他们还尝试着将各种奇怪的东西掺在葡萄酒里一起饮用。但在此之前，希腊人最早是直接将葡萄酒兑水饮用的。实际上，掺水葡萄酒才是希腊式的葡萄酒饮用习惯。虽然希腊人还不至于将饮用纯葡萄酒的人称为 barbaroi（有"野蛮人"之意，也可以单纯表示"外国人"）。

但可以确定的是，他们以此为依据，与具有不同语言、习惯的异国（外国人在当时多为奴隶）划清了界限。此后，这种掺水葡萄酒被罗马时代早期的人们继承了下来。

也有说法认为，希腊人之所以开始饮用掺水葡萄酒，目的就是为了在人前夸耀自己是能大量饮用葡萄酒的酒豪。文武双全的希腊民族确实具有尚武精神，男人会以具有男子汉气概的行为举止为傲。因此，希腊人虽然是具有高度发达的哲学智慧和文化的民族，却形成了崇尚绝对男权的社会风气。在希腊，妇女只是家庭的从属，她们甚至不能自由外出。

希腊男性经常豪饮葡萄酒，甩动着名为"chiton"（古希腊人贴身穿的宽大长袍）的衣袍下摆阔步于大道之上，他们整日聚集在城市的中央广场上对政治和哲学问题高谈阔论。他们往葡萄酒里掺水而向他人夸耀酒量的行为，让人联想到杜兰特所说的"行为率直又爱吹牛的希腊人"。可以说希腊人的这种行为成为人们开始饮用掺水葡萄酒的一个动机。但应该还有另外一个重要的动机。

对于当时的人们来说，葡萄酒应该是各种饮食中最费心思的加工食品，昂贵且无法大量购买。然而，在饮酒上有一个亘古不变的共通心理，那就是所有人都是把酒杯捧到嘴边次数越多越高兴。比如今天在饮用威士忌的时候，即使大家都非常清楚它本身所具有的美妙口感，但与两口三口就直接喝干相比，哪怕是稀释了它的美妙口感，人们也更乐于通过兑水实现大量饮用的目的。也许正是因为非常珍惜这价格不菲的葡萄酒，希腊人才会兑水吧。对于味觉独特的希腊人来说，就算是兑了水，也不影响他们享受葡萄酒那美妙的口感。

　　还有一个决定性的因素，那就是产于南欧的希腊人的葡萄酒具有充分的浓度和酒精含量。除了能够经受得住兑水而不影响口感外，特别值得一提的是，很多希腊人都是葡萄酒的"俘虏"。尽管葡萄酒价格不菲，但他们依然沉迷其中，频繁饮用葡萄酒就像我们今天"当茶喝"一样。在各种因素的影响下，希腊终于形成了这种葡萄酒兑水喝的习惯。兑水的比例各不相同，一般是水与葡萄酒各一半，酒量小的人也可以多兑水，选择1:3、1:2、3:5等不同的比例。此外，葡萄酒的品质越好，酒精含量越高，就可以兑越多的水。

　　往葡萄酒里兑水需要在专门的陶瓷器皿中进行，这种器皿称为混酒器。关于混酒器，早在荷马史诗《奥德赛》中就出现过"金银精细加工而成的西顿王混酒器"的记述。在混酒器中调制好的兑水葡萄酒会被倒进饮酒用的杯子中供人享用。

饮酒用的杯子一般是盘状的大杯子，按顺序依次向坐在右边的人传递。

亚里士多德曾记载称，1 升萨莫斯的葡萄酒可供大约 40 人一次性饮用。这种萨莫斯的葡萄酒应该是浓度和酒精含量都很高的浓烈葡萄酒，按照上述兑水比例中最大的 1:3 进行稀释后，1 升葡萄酒就变成了 4 升，按现在德国葡萄酒 700 毫升一瓶的标准容量换算，也就是不到 6 瓶的量，再倒入容量约 100 毫升的小型葡萄酒酒杯，大概是 45 杯，40 人左右的话正好是一人一杯的量。

混酒器

　　传说称，这种往葡萄酒里兑水饮用的方法最早是狄俄尼索斯教给阿提拉国王的。

希腊式酒宴

　　古代结婚的时候，通常是男性放低姿态"购买"女性，所谓的彩礼制度即由此而来。但希腊社会如前所述，宣扬的是绝对男权，所以形成了与彩礼制度完全相反的制度，即女方需要讨男方欢心的"嫁妆制度"。对于没有准备嫁妆的女性，甚至不会有男性愿意娶她。这种制度显然是对男性有利，它使得女性沦落为繁衍后代的工具，她们的结婚对象未必都是自己所爱之人。而男性即使是结了婚，也很容易在外面与妓女寻欢作乐。女性一般不允许外出，甚至不能随便会见来客，只能在昏暗的希腊式深宅里度日。她们每天只能做手工、干家务和化妆。即使是富贵人家的女儿，也无法接触到任何知识，过着无知乏味的生活。所以说起酒宴，那只是男性的专属，或者是有妓女参加的活动。

　　古希腊的妓女分为三个等级，最下级的是 pornai（街头流莺），她们主要居住在港口地区，招牌上画有男性生殖器，只提供临时的性服务。比 pornai 高一级的是 auletrides（吹笛女），她们不仅提供性服务，还会以演奏音乐或跳舞等方式为客人助兴。最高级的妓女被称为 hetaira（高等妓女），她们有学问，精通各种技艺，具有良好的教养，能不卑不亢地与男性探讨文学和政治，并且十分风趣幽默，在名人的酒宴上，时常会邀请这类女性前来助兴。

我们遵循着柏拉图和色诺芬的记述，可以想象一下希腊时代普通酒宴上的情景。客人们在酒宴主办者的家中欢聚一堂，最先端上来的是食物，在没有酒的情况下先行用餐。餐后，各自净手准备进入酒宴。服务工作一般都由男性奴仆承担，没有奴仆的情况下就由主人亲自为大家服务。在整个过程中，妇女是被禁止出现在酒宴上的。

如果宴会的主人有值得炫耀的混酒器，接下来便是他向客人们展示的环节了。没有的话就使用普通的混酒器，根据客人的要求以及当天准备的葡萄酒的品质，在前述的兑水比例中选择合适的比例调制葡萄酒。兑水之前，要先倒出一杯纯葡萄酒献给酒神，然后再将兑过水的葡萄酒倒进专用的大杯子中。此外，在伯里克利时代（公元前 443—公元前 429）那样比较富裕的时期，雅典的豪门贵族在举办酒宴的时候，经常会使用金制酒杯，但那时候由于仪式方面的原因，混酒器大多是银制的，所以当时应该是从银制的混酒器中将葡萄酒倒入金制的酒杯中。

主人接过仆人呈上来的酒杯后，一边祈祷一边将几滴葡萄酒洒在地上以表对神的敬意，然后饮过第一口葡萄酒，为来客献上祝福。当这些仪式全部结束后，酒杯将向主人右边依次传递饮用，若杯中的酒喝空了，就再从混酒器中斟酒，继续向右边依次传递饮用。

由此可知，在古希腊人的酒宴上，饮酒与进餐是分开的。在饮酒的时候，人们有时会往酒里掺些橄榄油之类的东西使味道更加浓烈，有时也会嚼着苦扁桃仁饮酒。

当酒宴进入高潮后，希腊人引以为豪的交谈能力便会得到淋漓尽致的体现。如果再有聪慧美丽的 hetaira 在场，酒宴就会逐渐演变成一场优美的希腊语大合唱。他们探讨自己擅长的思想与哲学，谈论政治，品评文学，似无止境。这个伟大的民族所创造出的灿烂文明，在古代世界开出了绚丽的花朵，并成为今日文明的指南针。在该民族底蕴的养成上，葡萄酒很可能占据着重要的位置。难怪今天的葡萄酒爱好者们对希腊人和希腊的葡萄酒文化感到了无尽的向往。

狄俄尼索斯信仰和大酒神节

正如"梦是个人的神话，神话是民族的梦"所说的那样，出现于希腊神话中的诸神，是诞生于希腊民族梦中的诸神。在与异民族梦中的诸神相互斗争、彼此妥协之后，希腊民族的神和异民族的神都被安置在了奥林匹斯山上，在主神宙斯的统治下各自被赋予了神位。公元前八九世纪，希腊文化尚未确立，希腊民族在东地中海一带与其他民族经过持续的斗争，不断地扩大自己的势力范围。当希腊文化逐渐确立之后，希腊众神也在奥林匹斯山上确定了各自的神位，形成了稳定的秩序。

希腊神宙斯与异族神波塞冬曾为了主神之位展开争夺，其中最为激烈的一场战争就是我们熟知的特洛伊战争。希腊人攻破特洛伊城，标志着宙斯打败了波塞冬取得奥林匹斯山之主的地位。宙斯以前的诸神都为父子间以下犯上的造反式政变所苦恼，主神之座不断易主，直到最后被宙斯夺取。

希腊众神间有着极为复杂的关系，其中诞生和成长历程最为复杂的当属狄俄尼索斯，在希腊最有人气的也是这位狄俄尼索斯。这又正好与酒源自发酵的复杂且神奇的诞生过程，以及广受大众喜爱的特点相吻合。

关于狄俄尼索斯的身世，一种说法是她是宙斯与女儿珀尔塞福涅生下的一位女神，主要掌管生育。希腊人一直认为这位女神就是头上长角的查格留斯。因为宙斯非常疼爱查格留斯，总是让她侍奉在王座旁，这最终引来了妻子赫拉的嫉妒。赫拉命令恶童泰坦杀死查格留斯。宙斯得知此事后，为了将查格留斯隐藏起来，时而把她变成山羊，时而又把她变成公牛，但最终还是被泰坦发现了。当泰坦擒获公牛后将其肢解准备烹煮时，忠于宙斯的女神雅典娜从锅中救出了查格留斯的心脏并交给了宙斯。宙斯将查格留斯的心脏赐给了那时正好与自己偷情的底比斯王之女塞墨勒，使其怀孕。接下来的情节如前所述，由于招致了赫拉的嫉妒，这次查格留斯在火焰中复活后，就变成了一位男神。

人们将狄俄尼索斯复活的故事，与春天新叶萌芽、大地重新恢复生机的现象相联系，使他成为复活的象征。这也是在经过了漫长的历史变迁之后，狄俄尼索斯最终被世界三大宗教之一的基督教思想所吸收的一大原因。

人们将经历过复活重生的狄俄尼索斯，与山野间万物在春天重新复活的自然现象联系在了一起，使他成为掌管春天复苏、

图中左下方以小孩样貌出现的即为酒神，他戴着一顶葡萄叶头冠，正在倒酒。
《诸神的盛宴》，贝利尼绘

生育与繁荣的神，也就是带来农业丰收的守护神和生育守护神。此外，葡萄的果实被挤破后，流淌出的如鲜血般深红色的浓烈葡萄汁在经过发酵之后，变成了生命之水——葡萄酒，这与狄俄尼索斯的重生有异曲同工之妙，狄俄尼索斯自然也就成了掌管这一过程的神。葡萄酒能使人陶醉，狄俄尼索斯又成了恍惚之态的守护神。陶醉使人类创造出了诗歌与舞蹈，诗歌与舞蹈进一步变成戏剧，所以他又成为戏剧之神。最终，由于酒能使人狂乱，他再次成为掌管发狂之神。这就是希腊人所创想出的狄俄尼索斯的各种姿态。

色雷斯人怀着恶意想送给希腊人一份害人的"礼物"，送的就是这位令人厌恶的复杂的恶神——狄俄尼索斯。然而，狄俄尼索斯最终却在希腊变成了一位以拯救人类为使命的善神。当他变成罗马人的巴克斯神后，甚至成为更加受人爱戴的幸福之神。

希腊人让狄俄尼索斯由女人变成了男人，赋予他由恶变善的复杂性格，这大概也体现了这个伟大民族的葡萄酒观。也就是说，希腊人意识到如果与狄俄尼索斯深交的话，会产生复杂、奇怪、令人恐惧的后果；但如果适度地与其交往的话，人类就能得到最至高无上的愉悦。

狄俄尼索斯原本并非希腊民族梦中的神，而是异民族的神，因此狄俄尼索斯信仰应该早就在近东地区形成了，它的起源地可能是弗里吉亚或者吕底亚一带，据说"巴克斯"这一名称的语源就是上述地区。希罗多德是世界上最早发表比较宗教学相关论文的人，根据他的研究，狄俄尼索斯与埃及的奥西里斯神实际上也是同一位神。此外，亚历山大远征印度时发现印度西北部也存在着狄俄尼索斯信仰。希腊神话中的狄俄尼索斯在来到希腊之前，也曾有过一段征服世界的历程，甚至流传有他远征埃及和征服印度的传说，随后他才终于登上了奥林匹斯山。

那么，最早期的狄俄尼索斯信仰是怎样的情形呢？春天，葡萄藤刚刚长出嫩芽，信徒们为见到狄俄尼索斯而聚集在山野间，正如狄俄尼索斯是一位怪异的神一样，他的祭祀活动也是充满着神秘仪式的秘教性祭典。女人们也仰慕着这位生育的守护神，她们痛饮葡萄酒，于深夜在山中进行秘密的祭祀活动。祭典开始后，先由女人们提着缠有葡萄藤蔓的酒神杖，举着火把行进，人们喝着自带的葡萄酒，徘徊于半醉半醒之间。随着祭典继续进行，开始出现了将衣物随意丢弃，一丝不挂地跑来跑去的女人，并最终演化成了一幅淫乱到令人战栗、惊悚的场景。因为狄俄尼索斯曾化身为山羊和公牛，人们就以山羊和公牛为祭品，将其切成碎块，再现狄俄尼索斯的前身查格留斯被泰坦杀害时所遭受的痛苦。然后，人们贪婪地吮吸狄俄尼索斯身上喷出的鲜血，仿佛就此与他化为了一体，将祭典气氛推上了狂热与兴奋的顶点。

实际上，吮吸狄俄尼索斯的鲜血就能获得永生的信仰由来已久，这种信仰起源于"葡萄酒使人重生"的观念。苏美尔人就曾将葡萄树称为"生命之树"。早在古代，人们就意识到了葡萄酒对人类健康的益处，葡萄酒所具有的保健酒的效力，最终发展成了一种信仰。

然而，这种信仰的祭典，却又体现出了葡萄酒所具有的另一面性质，即麻痹人的理性。信徒们极度发狂，据说有时单是山羊和公牛还不能满足，女人们甚至会抓住男人，把他们当作祭品，吮吸他们的鲜血。当人们到达恍惚的顶点，彻底丧失理智时，甚至会出现乱交现象。这对于平日里在男权至上的压迫下几近窒息的古代女性而言，算是一种短暂的解放吧。

祭典讴歌春天、生育以及复活，使人们彻底地沉醉于葡萄酒中，深深地融化在狄俄尼索斯的怀中。在狄俄尼索斯信仰的影响下，人们甚至开始谩骂奥林匹斯山上其他神的僵硬死板，并高呼狄俄尼索斯万岁！这种秘教、邪教势力越来越强，像流

狄俄尼索斯酒神节上，人们跟着音乐的节拍疯狂舞蹈，穿上色彩鲜艳的衣服，戴着葡萄叶花环，挥舞酒神杖，开怀畅饮

行病一样开始从色雷斯向希腊地区传播和蔓延，这时，谨慎严肃的德尔菲的神职人员们发慌了，他们立即部署防御，抵制这一信仰的入侵。

　　这种精神上的流行病，无论是在任何一个时代或是任何一个民族中，或多或少都会出现。虽然这种流行病短时间内会大规模扩散，但历史的常道总是社会秩序最终取得的胜利。在人们眼中，这类像传染病一样蔓延开来的邪教，往往出现于乱世中，极有可能预示着末世的到来。在拥有着自古积淀下来的近东文化的人群中，这种邪教肆意猖獗、无恶不作。但在生机勃勃、充满朝气，即将创造出新的时代和文化，迎来鼎盛时期的希腊民族面前，这种邪教却在不知不觉间得到了完美的包容，甚至逐渐发展成为一种成熟的信仰。因此，我们由衷地认为，希腊民族不愧是一个正处于蓬勃兴盛时期的伟大民族，真是名不虚传！这大概也要归功于德尔菲神职人员的聪明智慧，他们不得不先将狄俄尼索斯引进奥林匹斯山，再利用希腊式的崇拜方式，怀柔邪教，循循善诱，最终得以大成。

　　这一过程花费了很长的时间，最终在公元前 534 年，庇西特拉图发布政令，设立了具有规范秩序的大酒神节。此后，大酒神节成为希腊人的民族节日，并一直延续至今。

　　总之，狄俄尼索斯的人气是无论如何也无法抑制的，这也可以说是人类所品尝到的葡萄美酒的魅力获得了最终的胜利。虽然人们已经充分认识到了过度沉溺于葡萄酒所带来的危害，但如果想要禁止他们适度地去享受葡萄酒带来的欢乐，那也是不可能的。

　　在雅典，上演戏剧也是该祭典的一大环节。如前所述，狄俄尼索斯还是戏剧之神，在雅典卫城的山脚下，建造有规模庞大的狄俄尼索斯剧院。今天，在经过漫长岁月的洗礼后，狄俄尼索斯的遗址静静地横躺在卫城的山坡上，无言地诉说着古希腊人心中的狄俄尼索斯情怀。大酒神节要持续三天三夜，在这期间，人们放下一切工作，就连囚犯都会暂时得到释放，被允许参加祭典。如果当时正好处于战争时期，也要暂时休战。审判这类公务活动自然也是要暂停的。

　　大街小巷随处可见葡萄酒，举国上下人人皆酩酊大醉，人们甚至举行饮酒大赛，终日沉溺于葡萄酒中。然而，如今一年一度的大酒神节已经成了重要的民族节日，当年的秘教色彩已经无处可觅。在浩瀚的地中海与晴朗天空的环绕下，位于南欧的希腊民族纵情享受着这休闲娱乐的三天时光，以排解一年的压力，为自己注入新的能量。

希腊人的狄俄尼索斯思想

酒精对人身心的影响表现出了明显的互相矛盾的两面性。葡萄酒问世以来，人们因其两面性时而苦恼时而安心，并创造出了作为酒精饮料（代表性是葡萄酒）代言人的酒神。他是奥西里斯，是塞伊斯特罗斯，是萨巴支阿，是萨图恩，是狄俄尼索斯，也是巴克斯。虽然在不同民族中的称呼不同，但他们都是葡萄酒的故乡——西亚人民所创造出的酒神形象。可以说古代人所怀有的各种愿望，最终都体现在了由希腊人所完成的狄俄尼索斯思想中。对于泛滥的恐惧变成了丰收的喜悦，古代近东地区的代表性酒神——埃及的奥西里斯形象的转变就体现了酒神思想的基本观念，这种试图使两极互相调和的古代人的意识，最终依靠着希腊人的智慧得以完成。

色雷斯人最早是怀着恶意将只有可怕一面的查格留斯送给希腊人的。查格留斯作为狄俄尼索斯的前身四处散布邪恶的秘教，曾让希腊人感到十分棘手。然而，狄俄尼索斯巧妙地调和了自身所具有的两面性，作为正大光明、积极健康的大酒神节的主神，受得了希腊人热烈的欢迎，并被接纳进奥林匹斯众神之中。从中，我们可以窥探到伟大的希腊民族的过人之处。

　　狄俄尼索斯思想就是在充分认识到相互矛盾的两极的基础上，努力尝试着如何在其中进行调和的思想。在罗马时代早期，葡萄酒的两面性中，只有可怕的一面得以凸显，人们在萨图恩的恐怖统治下几乎处于禁酒状态。进入后期的黄金时代后，在欢乐一面远远大于可怕一面的巴克斯的统治下，人们终于可以尽情地享受葡萄酒所带来的欢乐了。然而，即使在这个过程中，也时常可以看到由两面性所引发的各种形式的矛盾，如多米提安皇帝破坏葡萄山的政策，又如普罗布斯皇帝鼓励酿造葡萄酒的政策，等等。

　　如此发展而来的世界史，实际上是潜藏在人类内心深处矛盾的两面不断地离反、纠结、斗争、调和而形成的人类历史。在这种历史的发展进程中，狄俄尼索斯思想逐渐清晰地展现出来，并一直延续到了今天。

小醉怡情的葡萄酒

　　所有的酒精饮料都能为人类的饮食生活带来无限的欢乐。它滋味美妙，又能带来舒爽的醉意。从帮助人逃离僵硬死板、获得心灵的解脱，到帮助人安心熟睡，只要尝过它的味道就难以拒绝由此带来的喜悦。然而，它最终会带来头痛、呕吐等肉体上的痛苦，也会使人丧失理智变得狂乱，破坏社会秩序。而适度的醉酒，又因为饮酒者个体本身存在的差异，无法制定出一个标准的尺度。也就是说，在精神和肉体两方面，葡萄酒都既能成为良药也能成为毒药。虽然人们充分意识到了只要能够适度控制饮酒行为，就可以享受酒所带来的快乐的一面，但与此同时，人们也一样充分意识到它的难度。无论古今中外，对于以集体生活为主，必须维持社会秩序的人类而言，饮酒问题都毫无例外地让人感到棘手。古代社会的人们以神之名，缓解由于饮酒的两面性所导致的矛盾，似乎是贯穿于古代史的一大特征。

雅典的一位财政专家曾将葡萄酒的作用分为十个阶段：一、健康；二、愉快与爱；三、睡眠；四、放纵；五、大喊大叫；六、调戏；七、喧哗；八、固执己见；九、愤怒；十、狂乱。哲学家爱比克泰德认为葡萄树会结出三种不同的果实：一、愉快；二、喧嚣；三、破灭。

无论哪一种划分方法，从极善到极恶的各阶段中，偏向于极恶的阶段占了大多数。由此看来，所谓"适度饮酒"的阶段，并不是在两极的正中间，而是应该稍微偏向于克制的一边。

严谨而保守的柏拉图对于饮酒尺度的看法是：人在 18 岁之前应该禁止饮酒。即使是在成年以后，未满 40 岁，人格尚未成熟之前也不能喝得酩酊大醉。这也许是因为未满 40 岁的人还无法领略狄俄尼索斯的精髓吧。然而，柏拉图也认为，酒对高龄者来说反而会成为一种良药，应该大力推荐。40 岁以上的人参加酒神节，可以愉悦身心，返老还童，使得如钢铁般坚硬的心因灼热而融化，使烦躁的灵魂变得柔软放松。如果真如柏拉图所言，在 40 岁之前都坚持适度饮酒，绝不酩酊大醉的话，那么就算到了 40 岁以后，应该也不会喝得酩酊大醉，这样就能一生都只享受适度饮酒所带来的好处。

在柏拉图看来，醉酒是人性格的试金石，据此可以完完全全地解读出人的内心。他认为，只要宴会主人能够充分发挥主导和控制的作用，那么酒宴也是值得提倡的。

如上所述，很多人都认为要适度饮酒，他们对酒的赞美多少有些消极色彩。唯独医圣希波克拉底，虽然他也强调自制的重要性，但又坚称只要适度饮酒，那么酒就会成为最有效的良药。相对而言，他对酒的赞美充满了积极色彩。毫无疑问，这里所说的酒指的都是葡萄酒。

希波克拉底认为，没有什么东西比葡萄酒更有益于人体健康，适量饮用葡萄酒对病人和普通人都有一定的功效，病人饮用葡萄酒能帮助他们治疗疾病，普通人则能变得更加健康。

希波克拉底的名言"葡萄酒作为饮料最有价值，作为药物最可口，作为食品最令人快乐"一直流传至今。比希波克拉底晚400多年的普鲁塔克在其著作《希腊罗马名人传》中的引用使得这句话进一步广为人知。由此，饮用葡萄酒的习惯迅速扩散开来，除了严谨的斯巴达地区之外，在整个希腊，不仅仅是少年，就连在漫长的希腊时代都没有饮酒习惯的妇女们，此时也迷上了葡萄酒。

为时代画上句号的人们

葡萄酒的历史的确相当漫长。在史前时期，部分能力出众的古人采集野生葡萄，饮用发酵后的葡萄汁，那美妙的口感以及能够迅速对人的身体和精神产生影响的酒精成分，使得人们对它又爱又怕。自葡萄酒逐渐成为人们饮食生活的一部分以来，已经过了五六千年的时间。在这个过程中，葡萄酒的酿造也几经改良：首先，在即将进入有史时代的时候，就已经与原始葡萄酒时代大不相同了。葡萄酒的原料变成了悉心栽培出的葡萄，人们还发明了榨汁机，贡献给神殿和统治者的葡萄酒越来越多，人们相信葡萄酒是神赐之水并深深地爱着它，这个时代称为旧葡萄酒时代。

随着酿酒技术的进步，浑浊黏稠的葡萄酒变得清透、美味，并逐渐在民众中得到普及，这一时期被称为古典葡萄酒时代。随后，葡萄酒走出了发祥地西亚地区，葡萄酒文化圈进一步扩大。在得到希腊人的继承后，葡萄酒酿造技术得到进一步改良，葡萄酒文化也得到了迅速的发展。就像是大量积攒的能量终会迎来大爆发一样，葡萄酒文化的时代也终会告别古典葡萄酒时代。而这一时期，正是借罗马人之手，拉开了新葡萄酒时代的序幕。

经过了漫长的发展历程，葡萄酒终于得以普及的古典葡萄酒时代即将落下帷幕，而在最后一幕中扮演着最重要角色的是两位希腊人：亚里士多德和他的弟子泰奥弗拉斯托斯。

希腊文明的集大成者亚里士多德既是一位哲学家又是一位自然科学家，他曾以植物学家的身份，倾其所能整理出了有关葡萄树种植的所有学术理论，包括能使葡萄树嫁接的理论和技术。后来，奠定了新葡萄酒时代基础的罗马葡萄酒学家老普林尼和老加图，也深受亚里士多德的影响。

引领下一个时代葡萄酒文化的接力棒，被传给了亚里士多德的爱徒泰奥弗拉斯托斯。他在亚里士多德的指导下，致力于葡萄树的种植，确立了施肥、植树、修剪等详细的理论以及规范。他的功绩还在于提出了一种葡萄树种的植物学分类方法，即叶型分类法。此外，他还实证了通过红白两种不同葡萄树的嫁接，可以使两种葡萄生长在同一棵树上。后来，泰奥弗拉斯托斯退隐于家乡莱斯沃斯岛，专注于葡萄树的种植。在此之前，希腊葡萄酒的中心一直位于希俄斯地区。直到泰奥弗拉斯托斯打破了这一局面，才使得莱斯沃斯占据了希腊葡萄酒的中心位置，莱斯沃斯也跻身为历史上著名的三大希腊葡萄酒品牌塞浦路斯、莱斯沃斯、希俄斯之一。

毫无疑问，莱斯沃斯葡萄酒成为古典葡萄酒时代最后的明星，为这一时代起到了锦上添花的作用。

除了亚里士多德师徒之外，还有三位不得不提的人物。其中的两个人——德拉古和梭伦出现于比亚里士多德师徒更早一些的年代，此二人通过制定法律保护了葡萄酒的酿造。也正是因为有了他们这样强有力的后援，才使得希腊葡萄酒文化得以大成，从而丰富了古典葡萄酒时代的内涵。就像是要报答他们一般，希腊葡萄酒最终广为传播，四处散发着它那充满魅力的芳香。

除了德拉古和梭伦之外，第三个功臣就是亚历山大大帝。希腊有一种与葡萄酒文化息息相关的"洗尸礼"仪式。这种仪式是在人死后，用葡萄酒清洗尸体，以表示对死者的尊敬。亚历山大大帝曾组织了史上空前的大远征，征服了亚洲最强大的波斯帝国，兵锋直指遥远的印度河流域。有一个广为流传的故事是，尽管追随征战而献身疆场的希腊士兵数以万计，但亚历山大大帝依然为每一名战死的士兵举行了希腊式的"洗尸礼"。

生前就陶醉于葡萄美酒的希腊士兵，考虑到死后也能在葡萄酒香的包裹下升天，即使身处战场也会感到无比幸福吧。这种"洗尸礼"在鼓舞军队士气方面发挥了很大的作用。

据说年轻、英俊且一生都在追逐梦想的亚历山大大帝，自体内散发着一种无法言喻的芳香，使得周围的人都为其倾倒。我们可以想象一下，他微微向左倾着脖子，用散发着迷人酒香的葡萄酒为英勇战死的部下进行"洗尸礼"，那悲伤的眼睛就如同是被葡萄酒湿润过了一般。就让我们以这个场景来结束希腊葡萄酒史的篇章吧。

此后，罗马人终于登上了葡萄酒史的舞台。

葡萄酒是经罗马人之手才最终作为世界性文化得以发扬光大的。在正式进入新葡萄酒时代之前，为了能更好地了解即将登场的罗马人，我们将时代稍微向前追溯，先介绍一下早期的罗马人和葡萄酒。

早期罗马

早在公元前 2000 年左右，以克里特岛为中心的东地中海地区就已经出现了绚烂的青铜文明，人们日常生活水平很高，可以尽情享受葡萄酒的美味。然而即使是在之后的公元前八九世纪，希腊人不分昼夜地沉浸在葡萄酒的醇香中，就连希腊的群山似乎都飘散着葡萄酒香之时，爱奥尼亚海对岸的邻国——意大利，一群拉丁语系的人们就像是被地中海文明抛弃了一般，只是静静地经营着农业和渔业，过着单调而落后的生活。葡萄酒这种东西与他们的生活自然是无缘的，他们甚至还不知道葡萄酒为何物。罗马人在不久的将来征服了世界，成为随意书写历史的绝对霸主，而这就是他们年轻时的样子。

公元前 750 年左右，罗慕路斯兄弟完成了罗马建国的伟业，自此，罗马才终于开始出现在历史舞台的一隅。罗慕路斯的法律似乎只强调了葡萄酒两面性中阴暗的一面。当时的罗马，对葡萄酒的饮用有着十分严格的限制，女子和儿童禁止饮酒，男子未满 35 岁之前也禁止饮酒。如果女子被发现醉酒的话会被处以死刑，女人饮酒甚至足以成为离婚的正当理由。

最早为罗马人带来葡萄酒的，是我们之前提到过的萨图恩。萨图恩被逐出天界逃亡到意大利时，将从克里特岛偷来的葡萄栽种到了意大利的土地上，并推广了葡萄酒的酿造技术。萨图恩既是这个国家最早的酒神，也是农业的守护神。萨图恩在天界时，是通过杀害父亲乌拉诺斯才夺得了主神之位，因担心同样会被自己的后代推翻夺走王位，便将子女们全部吞食。正是这位可怕的神，使得葡萄酒所具有的由酒精带来的可怕一面，深深根植于罗马人的心中。

当然，笔者并不打算将神话当成史实来对待。实际上最早将葡萄树种植技术带给意大利的应该是迦太基的商人，他们所带来的葡萄树应该也是来自克里特岛。同样，酒神萨图恩也是通过他们传播到意大利的。事实上在迦太基，萨图恩也是一位十分残忍的神，人们在祭祀这位酒神时，甚至会将婴儿作为祭祀品。迦太基人对于酒精饮料所持有的这种观念被罗马人继承了下来，葡萄酒所具有的欢乐的一面被抹杀，这才导致出现了罗慕路斯禁令。

　　萨图恩也时常守护农业生产，指导农民，实行善政，后来也广受人们的爱戴和仰慕。但葡萄酒的饮用在罗慕路斯建国后长达 200 年的时间里，始终受到严格的限制，葡萄酒的酿造未能兴盛起来，普通民众也几乎没有饮用葡萄酒的习惯，就连献给神的饮料也用的是牛奶。因此，葡萄树的种植自然也未能得到普及，只酿造出少量苦涩、辛辣的葡萄酒，对于部分已经习惯了希腊葡萄酒香醇的特权阶层的人们来说，简直无法下咽。

　　这个时代的人们除了牛奶外，还时常饮用一种具有香味和药味的自然饮料，这种饮料是用一种名为"没药"的香料和具有药用价值的树脂，混入蜂蜜后制成的，颇受妇女和儿童的喜爱。"没药"这种香料在《圣经》中曾经出现过。据说耶稣诞生的时候，三位拉比自遥远的异国来到伯利恒的野外，将"没药"献给了圣母马利亚。当时的人们应该经常饮用这种饮料，"没药"也常作为香料或药物使用。此外，由于当时这里生产的葡萄品质不好，人们常常饮用的是葡萄干酒，就是一种将葡萄果实干燥浓缩后，榨成的带有甜味的未经发酵的葡萄汁。

　　这种葡萄汁，妇女和儿童也是被允许饮用的。人们在习惯饮用这种带有甜味的葡萄汁后，经过长年累月的发展，逐渐开始饮用经过轻微发酵、带有少量酒精成分的类似于葡萄酒的饮料。随着罗慕路斯的禁酒令变得形同虚设，饮用葡萄酒终于开始变成习惯。

古代欧洲葡萄酒的发展

葡萄酒自诞生于西亚起，就与人类的生活形影不离，同喜同乐。她从亚洲出发，越过爱琴海到达了欧洲的希腊，其足迹逐渐延伸，不断地扩大着她的影响范围，为人们带来了无尽的欢乐和痛苦。

在公元前 1000 年左右至公元前 500 年这大约 500 年的时间里，欧洲除了希腊以外，葡萄酒的酿造都像前述的意大利半岛一样，还相当落后。即使如此，还是能够看到一线曙光。在地中海西北沿岸的南欧诸国，人们已经开始迷上了葡萄酒，虽然只是星星点点。为欧洲葡萄酒圈的扩大做出了巨大贡献的主要是希腊人，但腓尼基人的贡献也是不容忽视的。

腓尼基人是西亚卓越的商业民族，他们活跃于世界各地，无论是远至印度的香辛料，还是赫梯的金银器皿、地中海的橄榄油，只要能称得上是商品的东西，他们都不遗余力地运往世界各地。充满活力的腓尼基民族积极活跃于整个古代史中，他们的商圈自然十分辽阔。

在西亚，腓尼基人很早就将葡萄酒带到了新月文化地带，其对古代葡萄酒文化的普及所做出的巨大贡献是不言而喻的。一部分腓尼基人在与意大利隔海（地中海）相望的北非地区建立了国家，即迦太基国。他们逐渐在西地中海地区暗自扩张势力，甚至会不时威胁到希腊的殖民地；他们驱使着强大的海军力量和商船队，不仅前往高卢、伊比利亚，甚至还走出了地中海，到英国不列颠岛和西北海岸寻求象牙和矿产，恨不得把一切都收入囊中。

如前所述，最早将葡萄酒带到意大利的并不是希腊人，而是迦太基人。据说最早将葡萄酒传授给高卢人的，也是腓尼基的商人。迦太基人后来与迅速发展起来的罗马势力进行了三次激烈的殊死搏斗，也就是所谓的布匿战争。最终，罗马人取得了胜利，获得了称霸下一个时代的权力。但在此之前，年轻的罗马势力还需要跨越重重难关，才能在葡萄酒文化史上获得一席之地。能够与如此强大的腓尼基人相抗衡的是同样处于盛世的希腊人，在当时的西欧，最初就是这两个民族在角逐葡萄酒文化的霸主地位。

布匿战争。罗马主动进攻，长期围困迦太基城，迦太基战败惨遭屠城，领土成为罗马的一个省份

在希腊人的世界里，葡萄酒文化已经融入日常的饮食生活之中。在地中海西北部的希腊殖民地地区，葡萄酒文化也借由爱奥尼亚人之手得以发展。从公元前8世纪到公元前6世纪的大约200年的时间里，西西里岛自不必说，葡萄酒文化进一步传播到了遥远的高卢南岸甚至是伊比利亚半岛。

葡萄树苗传入以马赛港为基地的希腊殖民地，并首次被种植在罗讷河沿岸时，我们终于听到了法国葡萄酒出世的第一声啼哭。如今，法国已经成为世界上最大的葡萄酒王国，君临整个葡萄酒文化界。这大概是公元前750年或公元前1000年的事情。

还有一种说法认为，在成为希腊殖民地以前，高卢王的女儿曾用野生葡萄酿出的葡萄酒招待过腓尼基商人。腓尼基商人为了表示感谢，回赠了优质的葡萄酒和葡萄。据说这才是法国葡萄酒的由来。此外，还有人认为，最早传入马赛港的葡萄苗实际上是来自伊特鲁里亚，对此，由于笔者手头缺乏相关的资料，目前还难以得出结论。

关于伊特鲁里亚，需要说明的是，当时住在伊特鲁里亚的居民，似乎并不是拉丁民族。根据他们的遗物来看，他们使用的文字确实是希腊文字，但使用的语言却并不属于雅利安语系。

根据希腊历史学家希罗多德的记述，这些人是在公元前 10 世纪至公元前 8 世纪之间从小亚细亚移居而来的亚洲民族。他们所酿造的葡萄酒与劣质的意大利葡萄酒相比，可以说有天壤之别，确实有不远万里运往高卢的价值。这似乎就可以解释为什么他们在葡萄酒文化上有如此突出的表现了。伊特鲁里亚的萨比娜（Sabiner）葡萄酒后来也成为名垂罗马葡萄酒史的佳酿。

伊特鲁里亚人教会了早期罗马人很多东西，除了酿造葡萄酒等各种技艺之外，还包括军事战略、社会制度等。然而，罗马人想要成长起来，又不得不与伊特鲁里亚人反复进行残酷的殊死战斗，这就是他们的命运。

当葡萄酒文化圈逐渐扩展到高卢的一部分地区，也就是现在的法国时，几乎是在同一时间或者稍晚一些，葡萄酒文化也传播到了伊比利亚半岛。最初到达的地方是马伊纳克一带——当时也属于希腊的殖民地。

比这稍晚一些的时候，北方的日耳曼尼亚于公元前 500 年左右，开通了与南方之间的商路。在位于今天莱茵河畔的著名葡萄产区吕德斯海姆以及美因河上游的葡萄酒产区维尔茨堡的玛利恩城堡，曾发掘出古代先住民凯尔特王侯的墓地。从该墓地的陪葬品中，人们偶然发现了希腊式的葡萄酒杯。由于当时德国地区还没有开始酿造葡萄酒，所以可以推测，他们饮用的葡萄酒应该是从其他地方进口而来的。希腊式酒杯在法国、德国各地均有出土，但到目前为止，吕德斯海姆是最靠北方的。因此可以想象，香醇的葡萄酒当时已经走进了北国贵族们的晚餐之中了。

事实上还要再等待 500 年，地球上种植葡萄树最北端的地区才会开始酿造葡萄酒。在此之前，我们必须等待刚刚登上历史舞台的罗马人成为主角的那一天。

蓬勃发展的罗马

希腊与罗马都是欧洲文明的发源地。天才民族希腊人所创造的文明，经过伟大的实践者罗马人的完全消化后，最终在古代欧洲开花结果，并在此之后的 2000 多年的时间里，成为西方文化的源流。正如 "Greco-Roman（希腊罗马式的）" 所表述的那样，这两个国家给人一心同体、密不可分的感觉。但实际上，它们之间存在着各种具有对比性的差别。其中，在对待葡萄酒的方式上就有很多明显的不同之处。

作为哲学民族的希腊人，从北方的山林地带迁移到南欧的海边后，立即就迷上了早已飘荡在那里的葡萄酒香，他们毫不迟疑地接受并开始享受起了葡萄酒。希腊人一边将这迷人的饮料变成自己的东西，一边致力于它的继续发展，并最终与葡萄酒一起销声匿迹。

而罗马人虽然被人们誉为是非常勤奋的民族，但当他们终于开始注意到葡萄酒的时候，葡萄酒香已经弥漫到了周围的国家。尽管如此，罗马人依然对葡萄酒疑心重重，克制着自己的饮酒行为，不愿意去亲近它，而只是一味地沉思琢磨，给人一种不渡过命运的难关就决不饮酒的感觉。罗马自建国后就一直在蚕食意大利本土，罗马人在与伊特鲁里亚人的苦战中，在最困难的布匿战争中，在没有赢得霸主地位之前，他们不会去碰葡萄酒。

从这个意义上来说，希腊人实际上也走过了相似的道路。在完成自己的文明，称霸大陆之前，希腊人首先赢得了特洛伊战争，又在存亡攸关的希波战争中殊死拼杀，直到赢得了著名的马拉松战役之后，他们才终于进入黄金时代——伯里克利时代。也就是说，希腊与罗马的发展都经历了一条相似的充满危机的苦难之路。不同的是，希腊人自始至终都以葡萄酒为友，罗马人却直到获得了能够与之相衬的身份地位后才开始将葡萄酒当作自己的朋友。也许从葡萄酒历史的角度来说，"罗马不是一天建成的"这句话也同样适用。

如前所述，罗马的建国之父罗慕路斯出于对萨图恩的恐惧，曾颁布了严格的限酒令。在这一背景下苦壮成长起来的罗马人，后来也曾在伊特鲁里亚人统治下感叹悲惨的命运。公元前6世纪末，伊特鲁里亚国王及其势力终于被驱逐出罗马，罗马人终于得以推翻王权，建立起了共和制。

伊特鲁里亚人是从亚洲迁移而来的先进民族，他们拥有高度发达的东方文化。拉丁系罗马人属于后进民族，他们在与伊特鲁里亚人的对抗中吃尽了苦头。罗马的勇士如同古代的日本武士，习惯了在开战前先自豪地自报家门，然后单骑对打，在与敌人的绞杀中展现经过严格训练的体魄，从而建立战功。然而在迎击伊特鲁里亚人由甲胄和长枪组成的铜墙铁壁般的前阵时，他们习以为常的传统战法完全失去了战斗力。

为了鼓舞士气，伊特鲁里亚人在开战前会先将手中的葡萄酒一饮而尽，然后带着满身的酒气上阵杀敌。经过了严格训练的罗马军队，虽然禁酒，但为了战而胜之，终究还是不得不开始学习伊特鲁里亚人这种希腊式的布阵，并逐渐成长起来。

被誉为政治天才的罗马人，集结起了重装步兵，采取了习得的铁壁战阵战法，与不满于贵族制的大众妥协，改行共和制，从而得以笼络广大的农民和小资产阶级为兵源。此后，罗马人逐渐征服了整个亚平宁半岛，踏上了兴盛之路。

在这一时期，罗慕路斯的禁酒令早已不见了踪影。虽然由于长期以来的习惯，罗马人对葡萄酒尚不具有很深的感情，但葡萄酒已经开始逐渐普及开来。

费尽周折从伊特鲁里亚人那里学到的各种先进文化，使罗马人眼界大开，他们也因此开始将目光投向了海外的优秀文明。在铺设好连接希腊先进文明的通道之后，首先传入的就是葡萄酒那诱人的芳香。公元前5世纪，与狄俄尼索斯极为相似的酒神巴克斯，代替萨图恩，出现在了罗马人的世界里。

这个时期，被称为"巴克坎特斯"的巴克斯的信徒出现在了亚平宁半岛，这标志着罗马人正式开始了与葡萄酒的交往。当他们慢慢开始品尝起葡萄酒的滋味，也意味着罗马逐渐成为地中海中西部海域的一大势力。由此，罗马人自然也免不了与迦太基之间发生一系列激烈的冲突。

进入公元前3世纪，罗马和迦太基之间爆发了两次布匿战争，特别是在第二次布匿战争中，迦太基在闻名遐迩的猛将汉尼拔的统帅下，多次给予罗马军队毁灭性的打击。汉尼拔因此

巴克坎特斯之舞

声名远扬，据说就连哭闹的孩子听到他的名字都吓得停止了啼哭。但坚韧勤勉的罗马人最终还是打败了迦太基，汉尼拔向西庇阿投降，他们被驱逐出了欧洲。罗马军队进入伊比利亚后，便真正开启了属于他们的葡萄酒时代。这大概是公元前 210 年至公元前 200 年之间的事情。

罗马就这样成为西地中海的霸主，他们把洋溢着葡萄酒香的高卢以及西班牙地区都纳进了自己的版图之中。自此，罗马人在葡萄酒的发展道路上突飞猛进，酒神巴克斯俯瞰着这一切，笑得比蔚蓝的地中海彼岸上升起的太阳还要灿烂。

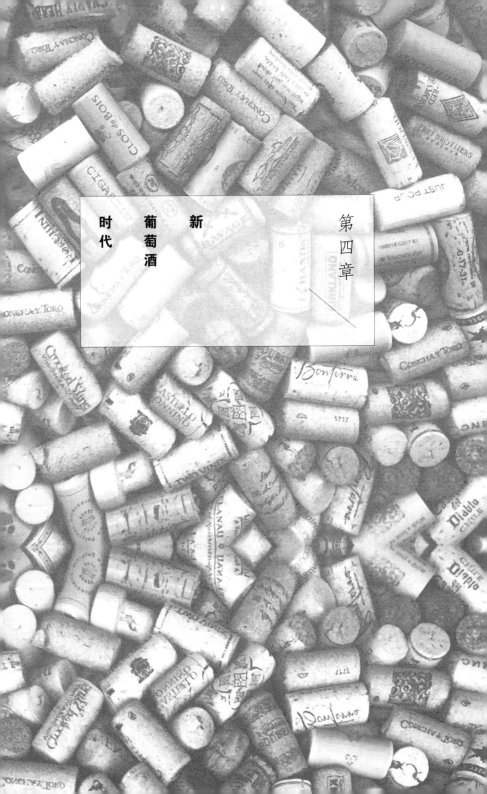

第四章　新葡萄酒时代

通往新葡萄酒时代的道路

　　罗马人要想将葡萄酒文化发展到巅峰，有一个无论如何也必须跨越的难关，那就是过去袭击过希腊人的狄俄尼索斯信仰这一热病的蔓延。

　　如前所述，公元前 5 世纪左右，狄俄尼索斯以巴克斯这一酒神的名字出现在了罗马人的社会中。当然在那时巴克斯就已经有了名为"巴克坎特斯"的信徒，这大概是这场热病大流行前的漫长潜伏期。

　　最终使其演变为社会问题的导火索，是布匿战争所带来的社会动荡。因迦太基猛将汉尼拔的一举一动而恐惧、战栗的罗马市民，已经不知道该在这乱世之中向哪位神明去寻求庇护。为了安抚民众，元老院在经过商议之后，决定向希腊诸神求助，他们举行了希腊的祭神仪式并进行祈祷。也许真的是神明显灵，

汉尼拔率军翻越阿尔卑斯山

罗马人在经过苦战之后终于打败了汉尼拔，迎来了自己的春天。随后，希腊文化理所当然地与希腊诸神一起，如潮水般涌进了罗马新世界。罗马人自然也就开始采用希腊式兑水法痛饮起了葡萄酒。

在此背景之下，狄俄尼索斯信仰也开始蠢蠢欲动。最底层的民众为了追求永恒的生命，开始在夜间举行秘密仪式，这就是狄俄尼索斯信仰的原型。于是，在被这种信仰所吸引的大众中间，信仰和秘密仪式逐渐蔓延开来。

希腊人曾发挥他们独有的天分，凭借德尔菲神职人员的智慧，净化了狄俄尼索斯信仰并将其自然吸收。而罗马人则采用法律手段取缔了这种信仰，这也许就是希腊人和罗马人的区别。从这个有趣的事件中就可以清楚地看出这两个民族天性上的不同。公元前 186 年，元老院为取缔这种秘教逮捕了数以万计的信徒，并处死了为首的数百人。

实际上，罗马社会的狄俄尼索斯秘教，是从希腊传来的已经得到了净化的狄俄尼索斯信仰，并不像当初从色雷斯传播到希腊社会时的原型那样淫乱。然而，谣言一旦兴起就越传越离谱，当离谱的谣言演变得越来越惊世骇俗之后，元老院也终于开始采取行动了。

罗马将横在他们发展道路上最强大的敌人——迦太基打败后，还必须收拾残留下来的麻烦，那就是迦太基的残余势力，由此引发了第三次布匿战争。然而，迦太基的同盟国希腊却从侧面支援着迦太基，这使得罗马人虽然并不情愿，但还是不得不向他们一直视之为师的希腊出兵。在攻破马其顿后，罗马人反手就将科林斯夷为平地。最终，他们烧毁迦太基城，征服了地中海世界，这也标志着罗马开始君临整个世界史。罗马人亲手灭亡了自己奉之为师的希腊，然而在那里，他们却感受到了自身的空虚以及充盈于希腊天地间的文明。此后，希腊思想逐渐渗透到罗马人的骨髓中，在武力上获得了胜利的罗马人，却被战败的古希腊人的文化所征服。自此，葡萄酒成为罗马人餐桌上不可或缺的饮品，就连普通民众都彻底成为葡萄酒的俘虏。

马尔库斯·波尔齐乌斯·加图所著的《农业志》一书，成为第一部对葡萄酒的酿造方法进行科学总结的著述，加图也由此成为完成这一伟业的第一位罗马人。

加图本来就热衷于研究葡萄酒的酿造，最初他是从迦太基将军马戈那里得到的启发，但主要还是受益于希腊葡萄酒的集大成者泰奥弗拉斯托斯。

在加图的葡萄酒学中最有趣的是，他介绍了当时兑水饮用葡萄酒的方法：向一份葡萄酒中，兑入两成的醋和两成的浓葡萄汁，再用五倍的水进行稀释。储藏时，再向已经兑完水的葡萄酒中掺入四分之一的海水。可见，罗马人继承了希腊科斯岛上兑海水的习惯，并且将其作为防腐剂用于葡萄酒的长期储藏。

然而，当时人们的味觉也实在让人难以理解。那时，罗马人喜欢将浑浊的陈酿葡萄酒盛装在大盆里，然后在其中混入各种香料后饮用。他们既会加入冰块饮用冰葡萄酒，也会兑热水饮用热葡萄酒，几乎只有在药用时，才会饮用纯葡萄酒。罗马人的这种味觉习惯，应该是受到了希腊人的味觉偏好的影响。然而，如果一直这样下去的话，人们就无法继续从古典葡萄酒时代向前迈进一步。

在接下来的时代里，受各种因素的影响，这种怪异的味觉神经逐渐得到改善。与此同时，葡萄酒的酿造技术也不断进步，新葡萄酒时代即将到来。

辉煌的公元前 121 年

此时的罗马人坐拥整个地中海世界，为古老的希腊思想和遗产所倾倒。他们的生活在精神和物质两方面都日益丰富，每天的晚餐都有葡萄美酒的陪伴。为了能更进一步征服世界，成为下一个时代的世界霸主，他们在精神和肉体上不断地积蓄着能量。亚平宁半岛的山麓已经被葡萄花所覆盖，罗马人终于成长为与希腊人比肩的葡萄酒民族。

起初，罗马人的生活全面效仿希腊，从葡萄树的栽培到葡萄酒的酿造自然也不例外。除了作为药品使用以外，罗马人饮用的都是兑水的葡萄酒。然而，随着罗马的繁荣发展，在共和制即将宣告终结的公元前 1 世纪左右，罗马人的生活质量大幅度提高，餐桌也变得丰盛起来，开始出现一个巨大的转折。

希腊人彻头彻尾地爱着葡萄酒，无论是在发展的黄金时代还是接下来的几个时期，他们都保持着独特的味觉嗜好，始终饮用的都是兑水葡萄酒。然而随着饮食生活的丰富，罗马人在葡萄酒中兑水的比例越来越少，餐桌上的葡萄酒变得越来越浓。这一事实在葡萄酒文化史上具有非常重大的意义。希腊始终未能改变他们以兑水葡萄酒为代表的独特味觉，尽管随着科学技术的进步，葡萄酒不断得到改良，但也都是为了迎合他们独特的味觉而做出的改变，除此之外几乎没什么进步可言，最多也只能说是在古典葡萄酒范围内的进步。

然而到了这个时期，生活质量的提高也使得罗马人的味觉开始发生变化，而且这种变化已经开始接近我们现代人的味觉。如果他们能成功地摆脱希腊式味觉的束缚，那么接下来在科学技术进步的推动下，葡萄酒的味道自然会向着现代人味觉的方向迈出重要的一步。

不得不提的是，一场具有重大意义的技术革命的原动力已经开始萌芽，这场革命的意义甚至超过了过滤技术的革命。

而这个大转折时期所迈出的第一步，就是迎来了公元前121年，这一著名的、史上空前的"大葡萄酒年"。

在此之前，葡萄酒的优劣基本都是凭产地判断的，细微的气候差异并不会被当成什么问题。因为当时的葡萄酒都是调和而成，将浓烈的葡萄汁和蜂蜜混在一起，适当兑些水，或者加入奶酪和小麦粉等调成希腊口味。所以关于每年气候上的差异，人们最多也只能感受到它对葡萄产量的影响。然而，随着罗马人在饮用纯葡萄酒的过程中，逐渐领悟到葡萄酒的美味，他们也充分认识到了气候对葡萄酒质量的影响，并由此迎来了伟大的葡萄酒年——公元前121年。这是历史上的首个葡萄酒年，其重要性足以与近代的1811年比肩，甚至更加伟大。

公元前121年的葡萄酒醇厚饱满、果味浓郁、芳香四溢。罗马人终于开始以纯粹地道的方式，尽情享受起这种优质的葡萄酒。

　　自此，人们彻底抛弃了以往饮用兑水的廉价葡萄酒的习惯。这就是荣誉辉煌的公元前 121 年发生的巨大变化。

　　历史学家帕特尔库鲁斯曾记载说，这种公元前 121 年的葡萄酒，即使是在 150 多年后饮用，也仍旧非常美味。

凯撒征服高卢和凯尔特人的啤酒桶

　　罗马人的味觉终于摆脱希腊风格的影响，开始建立起新的葡萄酒味觉偏好。

　　在味觉方面的脱希腊化，究竟应该算是改良还是退化我们姑且不论，至少以现代人的主观判断来看，应该说它是一种改良。我们很难断定究竟是罗马人的脱希腊化影响了现代人的味觉，还是这本身就是一种必然的发展历程，罗马人只是顺应了这种发展方向，摆脱了希腊风格的影响。但我们必须为充分吸收了希腊人的文化遗产，却单单在味觉上选择脱希腊化的罗马人拍手喝彩。在我们现代人看来，罗马人的味觉至少是向着正常的方向改革，正因如此，葡萄酒时代才终于走出了古典葡萄酒时代，迈向了新葡萄酒时代。出人意料的是，这第一步竟然是因为凯撒对高卢的征服，以及在那里所发现的凯尔特人的啤酒桶。

　　不仅是罗马，就连酿造技术极其先进的希腊在酿造葡萄酒时，用的都是陶器和土器。葡萄酒一般都装在瓮里埋在地下。希腊的瓮形容器与现代葡萄酒窖里用的酒桶容量大致相当，都在 600 升左右。但罗马的酒瓮形状各异，从圆筒的到尖头的，千奇百怪。由于这些酒瓮的形状大都不具有稳定性，所以只能靠着墙边放置。当要把酒瓮搬进餐厅时，都有专门用于摆放它的特殊支架，这样就可以把酒瓮立在架子上。

　　酒瓮里装满葡萄酒后，人们就用石膏或者黏土把酒瓮密封起来，然后在把手或者瓮颈处挂上标签，标示出葡萄树的品种、榨汁年份以及当时统治者的名字。类似的信息偶尔也会直接标记在酒瓮的凸起处。

　　但不管怎样，这种储藏在土器中、用石膏密封起来的葡萄酒，和用橡木、栗木以及樫木制成的木酒桶里的熟成的葡萄酒，在味道上有着微妙的差异。原因在于木桶能够帮助葡萄酒得到适度的呼吸，使葡萄酒熟成得更加香醇浓郁。罗马人之所以能够发现木酒桶的这一功效，正是因为他们味觉的进化。而他们则是在被凯撒所征服的高卢产生了这一重大发现。

　　早在凯撒征服高卢之前，高卢就已经是罗马的行省了。如前所述，高卢地区很早就开始开垦葡萄山、饮用葡萄酒。凯撒征服了整个高卢地区之后，该地区的葡萄酒酿造规模也随之扩大。当时，从高卢地区到日耳曼尼亚都居住着先住民凯尔特人，而凯尔特人自古就爱饮用啤酒。罗马史学家塔西佗曾在其著作中记载了喝惯了啤酒的凯尔特王从罗马人那里得到葡萄酒后，为那与啤酒不同的魅力而惊叹的场景。凯尔特人在储藏啤酒时，所用的都是用山毛榉、樫木、栗树等木材制成的木桶，因为这些木头轻易就能得到。罗马人在不经意间将葡萄酒也储藏在了凯尔特人的啤酒桶里，结果惊喜地发现，由此酿成的葡萄酒的味道更加香醇柔和。这是葡萄酒的储藏史上具有划时代意义的重大发现。

如此一来，葡萄酒在罗马人的努力之下，正在向着新时代稳步前进，新葡萄酒时代近在眼前。

脱希腊化——新葡萄酒的方向

罗马人摆脱了特色鲜明的希腊式味觉的束缚，开始品尝原汁原味的葡萄酒后，才逐渐懂得了珍惜葡萄酒那微妙多变的口感。在这里，笔者想介绍一下罗马人在酿造葡萄酒过程中的几个重要发现。

首先，罗马人发现用木桶酿造出的葡萄酒，其味道更加细腻柔和。直到如今，酒窖都还在使用木桶储酒。

罗马人喜欢熟透了的葡萄酒，他们会将葡萄酒储藏在温暖的地方，或者加温储藏。这在我们现代人来看，也许是非常粗暴和冒险的。但这一切都是由于我们已经积累了丰富的经验，明白假以时日缓慢酿造出的葡萄酒，其自然的熟成口感更加细腻优雅。但罗马人追求由加温所带来的熟成后的圆润口感，这说明他们已经摆脱了希腊的影响，同时也是他们开始对葡萄酒有了充分了解的证据。

此外，希腊人在榨葡萄汁时，会使用榨汁桶一次性榨成。而罗马人则注意到，采摘下来的葡萄会因自重而破裂，自然地流出果汁，而这种在人工榨汁前就自动流出的果汁是最好的葡萄酒原料。这一点也体现出了罗马人和希腊人在味觉上根本不同。罗马人掌握了将自然葡萄汁和人工榨汁相区别，并运用于不同的酿造技术的方法。这种分汁酿造法直到现在还是少量名贵葡萄酒在处理原料时的重要方法。罗马人的这一发现，在之后的欧洲葡萄酒窖里流传了 2000 多年。

在这个时代，物理学、数学、天文学等学科都取得了惊人的进步，而化学和细菌学却连学科基础都还未建立，自然也不可能有发酵化学的知识。但聪明勤奋的罗马人完全靠着经验，掌握了榨汁温度越高发酵越急剧，但同时葡萄酒的品质也会降低的原理。他们甚至学会了将葡萄榨汁冷却或者煮沸的方法。在采摘葡萄的时候，如果天气晴好，罗马人会尽量选择温度低的日子，或者选择在雨天采摘；而如果前夜露水很重，第二天就要避免采摘，这大概都是为了追求尽可能低的榨汁温度。

虽然也许早就有人开始通过煮沸的方法制作浓缩葡萄汁，但在为得到浓缩果汁更好地发酵所需的酵母菌方面，聪明的罗马人培养出了精准地选择酵母菌的味觉。例如，他们非常看重法勒诺姆的酵母菌。法勒诺姆是葡萄酒史上著名的罗马时代名酿产地，该地区的酵母菌也得到了大多数罗马人的青睐。

罗马人的榨汁方法最初与希腊以及之前的埃及和以色列相同，将采集来的葡萄果实装进桶里，或是赤足踩碎，或是用棒子捣碎。进入帝政时期之后，人们发明了榨汁器，具体的做法是：在榨汁室中央放置一个木制的大桶，再将一个木制重槌拴在卷扬装置上吊于木桶上方，使木槌上下翻飞，击打葡萄，木槌上有时还会加上一块重石。

这种结构的榨汁器一直沿用到了20世纪，在长达2000年的时间里一直是世界各国使用的榨汁器的原型。据说，后来德国莱茵河畔的美因茨人古腾堡发明的印刷机，也是受了这种榨汁器的启发。

自此，先将采摘来的葡萄果实榨汁，再放置在低温地区发酵，然后储藏在木桶中待其熟成的这一新葡萄酒酿造的基本流程，一直延续到了今天。

普林尼和小说家瓦罗关于葡萄酒酿造的文献，原原本本地记述了罗马人所确立的葡萄酒酿造技术。此后，直到中世纪，罗马人的技术都被当成是葡萄酒酿造技术的典范，被人们继承了下来。

罗马人在文化、思想、科学等各个方面都实现了希腊化，唯独在味觉这一点上摆脱了希腊的影响。而正是这一选择，才使得他们建立起繁荣至今的新葡萄酒时代。

罗马的葡萄酒

罗马人通过味觉革命确立起了新葡萄酒时代的基础，随后，意大利也酿造出了品质优良的名贵葡萄酒。

比起寡淡的国产葡萄酒，以前罗马人更喜欢外国进口的葡萄酒，特别是富裕阶层，他们几乎只会饮用进口而来的葡萄酒。进口葡萄酒主要以历史悠久的亚洲和希腊葡萄酒为主，也有西西里岛、西班牙、法国的葡萄酒。特别是希腊的三大名酿——希俄斯、莱斯沃斯、塞浦路斯最受追捧。而在今天君临葡萄酒界的法国葡萄酒，在那时却因带有熏蒸味而不怎么受人欢迎。

希腊历史学家狄奥多罗斯认为，高卢恶劣的气候根本不适合种植葡萄和橄榄等娇贵的植物。但地理学家斯特拉波则主张，高卢的土地与意大利一样适合种植所有果树。这种争论如果让今天的法国人听到，他们应该会苦笑吧。

根据普林尼的记述，当时罗马的葡萄酒市场上大概有80多种葡萄酒，而其中三分之二都是国产酒。

但还有记载称，在公元前后，葡萄酒市场上约有51种西西里和意大利产的葡萄酒，41种亚洲和希腊产的葡萄酒以及8种欧洲其他产地的葡萄酒。

到了这个时期，优质葡萄酒已经开始形成品牌，最早的品牌就是我们前面提到的法勒纳。这种酒初期味道辛辣、口感僵直，但熟成之后口感会变得圆润，而且味道十分强烈。此外，葡萄酒史上的著名葡萄酒品牌还有：贺拉斯曾称赞过的马克西斯、切克巴等香味浓郁的名酿，意大利南部的赛奇娜、弗尔米阿娜、普奇娜等名酿，塔莱恩奇娜以及前文提到的伊特鲁里亚的萨比娜、罗马地区的瓦奇卡娜等。

　　这时的世界已经成了罗马人的世界，罗马人尽情地享受着富裕的生活，饮食也变得奢侈起来。罗马人与希腊人同属于海洋民族，他们的餐桌上基本都会有鱼类和橄榄，但罗马人的餐桌要比希腊人更加奢华，水牛等家畜以及家禽、野兽、野鸟等也常会出现。此外，罗马人发挥他们已经恢复正常的味觉判断，对葡萄酒也更加挑剔。由于当时的罗马已经成为世界政治的中心，因此包括近东在内的各国各地的葡萄酒都以其独特的个性，向罗马人展示着各自的魅力。

　　罗马人所使用的酒杯主要有两种，一般是瓷器杯，玻璃酒杯则属于高级品。

　　在饮酒方式上，希腊人一般是在就餐后再开酒宴，而罗马人则习惯于边就餐边饮酒，尤其是在上前菜之前喜欢先饮用甜葡萄酒。奢侈阶层的晚餐经常会持续到半夜，招待客人的酒宴上还能欣赏到音乐、戏剧和舞蹈。

　　罗马人与希腊人的酒宴乐趣大不相同。在希腊，人们在饮用葡萄酒的同时一定会进行内容高级的谈话，主要的话题包括政治、文学、哲学等。而在罗马人的世界里，人们几乎不会手持酒杯进行精神层面上的谈话，而只会将时间用于欣赏戏剧、舞蹈等感官的享受上。这一点也如实地反映出了哲学民族希腊人和实践家罗马人的区别。

　　这种罗马式的餐桌文化随着罗马的繁盛逐渐固定了下来。这个时期的罗马社会，已经不像希腊那样只局限于妓女这一特

在罗马的祖先们建造的威严、井然的建筑中，罗马的男女们开始过着纵情酒色的生活。右上角一个喝醉的人甚至爬上雕像，试图让石头和自己一起狂欢。

《颓废的罗马人》，托马斯·库退尔作品

殊阶层才能饮酒，就连普通妇女和儿童都形成了饮酒习惯，在提比略皇帝的统治下，这种餐桌文化得到了广泛的普及。

对于罗马人来说，葡萄酒就像水和空气一样，是生命中不可或缺的东西。普林尼和奥索尼乌斯（生于高卢的诗人，格拉蒂安皇帝的家庭教师、波尔多地区葡萄山的所有者，据说现在著名的欧颂酒庄是奥索尼乌斯的故居）都曾异口同声地歌颂葡萄酒为人类带来的欢乐和喜悦。

味觉的历史、感官的问题

人类感官的敏锐程度，本身就超出了运用度量器具进行技术测定所能及的范围，它没有一定的数理性标准、单位和尺度。葡萄酒的味道没有任何方法能够精准传达，所有的资料都只能是抽象的形容词。这就造成阅读者由于个体差异，会产生不同的解释和理解，即使是相同的记述，理解也绝不可能完全相同。

各种感官之间也存在着差异。例如在听觉方面，虽然记录音质也非易事，但至少音的长短、高低等都是可以用乐谱记录的，而且很容易通过乐谱再现。即使是现在，人们也能够欣赏到与古时的音调非常相近的格列高利圣咏和《越天乐》。而视觉就更方便了，三原色以及由它们混合而成的无数色调，还有数十种颜色的称呼都可以帮助我们在一定程度上再现所看到的东西，画作在经历了数千年后，我们依然可以观察出它最初的状态。然而，有关味觉和嗅觉的表现手法则相当粗糙模糊，形容味觉要素的词除了甜、咸、酸、涩、苦之外，也就是辣或者刺激之类。但实际上，味觉的复杂程度远不止于此。例如，同样是甜，白糖、粗糖、蜂蜜、花蜜、甘油、糖精的甜味却各不相同。更别说甜、咸、酸、涩、苦、辣等不同的味道混在一起，相互作用或抵消后所形成的复杂味道，几乎没有任何办法能够准确表达。结果，除了让每个人亲自品尝、亲自判断之外，没有任何办法。

对于嗅觉的表达也只有"臭"和"香"的二元分类，而"芳"和"香"之间又没有明确的区别。对于不同的气味，每个人依赖于不同的形容词，如对花香、腐臭等进行描述后，剩下的就只能交由对方想象了。

葡萄酒和食物所依赖的却恰好就是这种无法准确表达的味觉和嗅觉。在关于饮食的历史上，根本就没有具体的描述性资料，想再现某个时代饮食的味道应该也是不可能的。唯一可以确定的是，由于葡萄酒是以葡萄这种特定植物的果汁为原料发酵而来的酒精饮料，是葡萄这种果物所具有的本质在发酵重生后形成的味道，因此无论是原始葡萄酒还是最优质的现代葡萄酒，必然都具有某种特定的果味风情。就是那种在水果所特有的酸味和甜味之间，又不可避免地混入了涩味和苦味，再加上由酒精所带来的刺激，和着充盈的芳香从舌尖缓缓滑进胃里的感觉。问题是各个时代所选择的原料品种不同，酿造技术也有高有低，不知哪一种味道会打破和谐，也不知会出现怎样不和谐的口感。

　　虽然不能否认在各个时代，评价高的葡萄酒应该比评价低的葡萄酒更能让人觉得美味，但饮用者之间存在的个体差异，再加上时代的差异，即使是饮用了与某个时代完全一样的葡萄酒，也不等于就能得到与那个时代的人一样的感受。就算让现代人品尝与公元前 121 年一模一样的法勒纳葡萄酒，也很难说他们会在多大程度上被感动。

　　现代人的舌头已经习惯了包括化学调味料在内的所有味觉要素，而总是缺乏甜味的古代人的味觉则更加纯粹、健康而且敏感。古代人和现代人在味觉上感受到的刺激程度，完全是不同性质的。因此，在记述葡萄酒历史的时候，详述各时代葡萄酒味道这件事本身就是既不可能又没有意义的。我们只能以中立的情感探讨每个时代的葡萄园艺、葡萄酒酿造技术以及可以为之提供证明的遗物。对于每个时代葡萄酒的味道，就只能从观念上进行想象。因此，笔者也根据自己推想出的葡萄酒味道和酿造技术的阶段，对葡萄酒的历史进行了时代划分。

将采集来的野生葡萄压碎后，由于缺乏合适的盛装器具，就装在皮袋里或者土器里发酵。虽然由此酿成了浑浊的原始葡萄酒，这只能说是一种由强烈的酸味和涩味混合而成的酒精饮料，但对于古代人来说它应该也是相当美味的了。如果再能弄到些珍贵的蜂蜜，把它和葡萄酒混在一起饮用的话，那就真的是无上的享受了。

葡萄树的品种不断得到改良（旧葡萄酒时代），但就算在利用过滤技术酿造出了透明葡萄酒的古典葡萄酒时代，大多数葡萄酒还不可能在短期内就控制住酸味和涩味。但考虑到那个时代人们的味觉状况，即使口感不够和谐，难以满足现代人的要求，对于他们也能欣然接受吧。在此基础之上，味觉随着技术的进步，一步步地走向成熟。

葡萄酒的乐趣不仅仅在于享受葡萄酒自身的美妙口感，还必须放在整体的饮食环境中进行考虑。例如，在现代人看来，古代的葡萄酒缺少甜味，空寡而酸涩。但如果考虑到当时充斥着羊肉脂肪的饮食环境，就很容易想象这劲爽的酸味对古代人来说该是何等的美味佳酿！

在古希腊时代，广受欢迎的葡萄酒有塞浦路斯、莱斯沃斯、希俄斯等希腊葡萄酒，法勒纳和萨比娜等意大利名酿。而当时对高卢葡萄酒的评价则是品质粗糙、难以下咽。然而，自此2000年之后，也就是新葡萄酒时代的晚期，高卢这片土地上的法国葡萄酒却登上了世界葡萄酒的王座。这究竟是因为高卢的葡萄酒酿造技术在经过长年累月的发展后，终于凌驾于其他地区之上了呢，还是说高卢葡萄酒本来就是优质葡萄酒，只是不符合当时人们的味觉喜好而已？也许不能说是味觉上的进步，总之应该是味觉发生了变化，使得人们对葡萄酒的评价也发生了变化。也可能是在这两种因素的共同作用下，才出现了这样的结果。

接下来，笔者将通过追溯葡萄酒文化变迁的过程，以欧洲为主观察葡萄酒进化的足迹。

不断扩大的欧洲葡萄园

随着罗马帝国领土的扩张，葡萄酒圈也不断扩大。仅公元前后一个世纪的时间，在今天的法国地区，葡萄园就从巴黎周边扩大到了大西洋沿岸的诺曼底甚至是佛兰德（荷兰），向南则扩大到了伊比利亚半岛的贝提卡（安达卢西亚地区）、巴尔德佩尼亚斯、巴塞罗那、瓦伦西亚、塔拉戈纳等地区。在此基础之上，又进一步延伸到了隔海相望的北非。在北方，则扩散到了日耳曼尼亚地区。从摩泽尔河上游的罗马据点特里尔出发，沿河北上传播到莱茵河畔也是在这个时期。

人们曾普遍认为，从摩泽尔河沿岸的诺马艮附近第一次出现葡萄山，到莱茵河干流地区也开垦出葡萄山为止，大概花费了 700 年的时间，也就是说莱茵河畔是在很晚之后才出现了葡萄山的。然而，随着莱茵河畔出土了 2000 多年前的葡萄种子和葡萄剪子后，这种历史定论也开始受到质疑。即使这一发现还不足以立即证明在同时代，莱茵河已经开垦出了与摩泽尔河上游地区同样规模的葡萄山。当时，应该只是零零散散的，在地方豪族间极小的范围内有种植着葡萄的庭院。虽然莱茵河畔真正开满葡萄花，确实像人们所说的还要再等七八百年，但就算是从这种小规模的葡萄种植，也足以看得出罗马人的势力已经延伸到了莱茵河沿岸。

而在东北方，则延伸到了尼罗河河畔。匈牙利葡萄酒的酿造史就是从公元前 229 年开始的，匈牙利因一种名为"托卡伊"的醇厚优质的葡萄酒闻名，在当时该地区被称为"潘诺尼亚"。

综上所述，葡萄酒的酿造已经普及欧洲各地。当然最初的起因应该是为了罗马军队而种植葡萄、酿造葡萄酒。但后来，这种充满魅力的饮料作为罗马人所带来的罗马文化中的一个组成部分，最终被人们所接受，葡萄酒文化很快就在当地生根开花。随着高卢—罗马文化的成型，葡萄酒越来越受到人们的喜爱。诺曼底和佛兰德葡萄酒会越过海峡出口到英国本岛，也就是自然而然的事了。

随着葡萄种植圈的不断扩大，历史悠久的葡萄园的葡萄质量也不断提高。特别是在罗纳河沿岸，得益于优越的气候和地形条件，酿造出了贵腐葡萄酒。具体的做法是：首先将采摘来的葡萄置于屋顶上，借助太阳光自然晒干，然后酿成类似于稻草酒的贵腐葡萄酒。笔者在前文中介绍过荷马史诗《奥德赛》里腓依基国王阿尔喀诺俄斯庭院里的干葡萄，这种葡萄所酿造的可能就是稻草酒，而罗纳河畔的贵腐葡萄酒应该也是用同样的方法酿造的。总之，这是人类为了酿造出更醇厚的葡萄酒，而不断发明出各种技术的一个例证。

古罗马帝国时期的第一位皇帝奥古斯都，曾将意大利北部地区经过改良的葡萄树移植到了南蒂罗尔和瑞士南部地区，他试图利用阿尔卑斯山南侧优越的光照条件，栽培出优质的葡萄。实验的结果令人满意，最终酿造出了口感醇厚的葡萄酒。奥古斯都皇帝最喜爱的葡萄酒是产于瓦莱州的维特利纳，这种葡萄酒至今仍是传世的名酿。

罗马帝国在称霸欧洲之后，不仅带来了文字，还传授各种技术，建立起了高效便捷的城市，并开始以中央集权的形式管理它们。为此，罗马还建立起了完善的道路交通网，作为新生国家文化建设的一环，葡萄酒的酿造和葡萄酒文化也迅速推广开来。这也可以说是罗马人在征服欧洲后的一大功绩。

多米提安葡萄酒限制令

随着欧洲各国葡萄酒酿造规模的迅速扩大，产出的葡萄酒不仅能够满足罗马军队的需求，甚至在充分滋润了各地区居民的喉咙后，还有数量庞大的余酒源源不断地流入最大的葡萄酒消费地罗马。其中，尤以伊比利亚半岛的输出量最为惊人，一年大概有 2000 万桶（一桶的容量为二三十升，总计约 6 亿升）的葡萄酒输出到意大利本土。

这惊人的数量对意大利本土种植葡萄的农民是一个极大的威胁。为了对抗如洪水一般从殖民地涌来的葡萄酒，意大利人拼命对葡萄酒进行品质改良，但依然毫无效果。如倾销般的亏本销售导致葡萄酒价格下跌，引发了葡萄酒市场的骚动。虽然消费者们都很享受这幸福的醉意天堂，但面对国内荒废的葡萄酒业和醉酒所带来的社会问题，民众一片悲鸣。为了摆脱这种困境，公元 91 年，多米提安皇帝采取了发布殖民地葡萄栽培限制令这一非常手段，主要方法就是破坏高卢、伊比利亚各地的葡萄山。

该法令的发布，首先应该是为了调节葡萄的种植状况；其次，也是为了缓解由于葡萄山的过度扩张所引发的对于粮食危机的恐慌，解决庞大军队所需的军粮问题。在被毁坏的葡萄山的利用上，多米提安皇帝又下令增加谷物的种植量。

多米提安是一位贤君，在他之前的卡利古拉和尼禄等皇帝都骄奢浪费、强推恶政，使罗马帝国的财政几近崩溃。多米提安通过实行农业复兴政策，才重振了帝国财政。

葡萄山的盲目扩张得到控制，总算恢复了均衡的葡萄酒酿造秩序。但在这个时期，不仅仅是罗马人，就连高卢、伊比利亚一代的土著居民也彻底迷上了葡萄酒，而且罗马人也已经在各地定居下来，所以，显然不能将各殖民地的葡萄山全部破坏。

以多米提安的葡萄酒酿造限制令为开端，葡萄酒的酿造稳定了下来，并逐渐踏上了繁荣发展的道路。

也许是葡萄酒所具有的令人难以忘怀的魅力，从内部激发了民众的力量，公元 1 世纪后半叶，巴勒斯坦地区出现了新兴宗教基督教的传教活动。在经受住了残酷的镇压后，基督教势力终于在民间广泛渗透，由此进入了宗教革命的时代。

《圣经》里说"葡萄酒乃耶稣之血"。基督教的信徒们并非将葡萄酒本身看作是耶稣的血，而是说在圣餐仪式中，面包代表耶稣的圣身，葡萄酒代表耶稣的圣血。基于这种基本的观念，近东地区的人们将面包和葡萄酒当成是维持生命所需的最基本的食物，并且依靠着它们生活了数千年。这一习俗也成为推动葡萄酒文化不断扩大并走向兴盛的一大原因。在葡萄酒从东方传入西方的过程中，基督教发挥了至关重要的作用。

在推动葡萄酒文化的普及方面，基督教同样发挥了巨大作用。在摆脱了从卡利古拉、尼禄到加莱里乌斯皇帝长达三个世纪的迫害之后，君士坦丁皇帝首次进行了基督教改宗。此后，在整个中世纪和近代早期，几乎都是以教会和修道院为中心，进行着葡萄山的开拓、葡萄酒的酿造以及技术的改良，基督教作为在背后推动葡萄酒文化发展的力量，做出了巨大的贡献。

普罗布斯皇帝

在西欧地区，除了希腊和意大利之外，葡萄酒的酿造早已在以法国和西班牙为主的各国扎下了根，并逐渐向北方的德国渗透。

根据在吕德斯海姆和维尔茨堡发掘出的遗物来看，早在公元前 5 世纪左右，德国的贵族们就已经开始享用起了葡萄酒。一部分王侯贵族从商人手中购买马赛等地销售的希腊葡萄酒和希腊式葡萄酒具，用于享乐——他们所饮用的葡萄酒并不是自己酿造的。随着罗马帝国的日渐兴盛，德国贵族们进口的葡萄酒也从希腊葡萄酒变成了罗马葡萄酒。在施派尔和迪尔克海姆发掘出了装在罗马式酒桶中的葡萄酒，据鉴定，这些葡萄酒酿造于公元 1 世纪前后，是世界上现存最古老的葡萄酒。目前它保存于施派尔的葡萄酒博物馆中。这种约 2000 年前的葡萄酒自然是已经不能饮用了，但根据化学分析的结果来看，即使是在公元 1 世纪时，人们仍然在往葡萄酒中混入蜂蜜。

德国地区是在罗马人的指导下才正式开始酿造葡萄酒的。

最初是在摩泽尔河中上游的诺伊马根附近，到了公元前 2 世纪前后，如前所述，在从莱茵河中游到阿尔河畔等地区，贵族们开始开垦自家用的葡萄山，在流经罗马北方领土的莱茵河沿岸，零零散散地出现了小规模的葡萄田。

在由罗马人所统治的漫长历史进程中，欧洲各地的罗马人与土著民族相互融合，诞生了所谓的高卢—罗马文化，而这一文化也包括了葡萄酒的酿造。

多米提安皇帝对葡萄山的破坏使得葡萄酒的酿造日渐衰落，但这并不能遏制高卢人和罗马人对葡萄酒的热情，葡萄酒的发展不会永远彷徨于夜路中，终会踏上复兴之路。

在多米提安皇帝之后约 150 年，也就是公元 276—282 年，葡萄酒史上出现了一位最值得人们期待的皇帝——普罗布斯皇帝，他甚至被誉为"葡萄酒皇帝"。在普罗布斯统治期间，葡萄酒再次恢复了活力，并在西欧迎来了巨大的发展。

普罗布斯皇帝是一位军人出身的皇帝，他作为皇帝君临罗马帝国的时间只有六年，是该时代常见的短命政权之一。在他统治期间没有什么特别值得歌颂的功绩，唯有对于酿造葡萄酒的热情，永远闪耀于葡萄酒的历史上，决不会褪色。

普罗布斯皇帝首先废弃了多米提安皇帝的限酒令，开始扶植葡萄酒的酿造。他鼓励治下的各地区积极开拓葡萄山，甚至将自己的军队也投入葡萄山的开发之中。

在普罗布斯的推动下，德国的普法尔茨、巴登、符腾堡等莱茵河以南的地区都开拓出了规模庞大的葡萄山。公元280年，葡萄园终于扩散到了法国的布列塔尼一带。

公元3世纪末，除了希腊和罗马，西欧地区从南边的伊比利亚半岛到法国全境、北边的莱茵河与多瑙河一带高卢—罗马人的国土上，葡萄山极尽繁盛，花香四溢。到了秋天这样丰收的季节，结出一串串香气诱人、水润饱满的葡萄，将欧洲人的祖先——高卢—罗马人都变成了葡萄酒的俘虏。

与远古亚洲的人类最古老文明一同诞生的葡萄酒文化，就这样一步一步地向西传播，以希腊为桥头堡，经过罗马深入西欧地区，并于古代史的末期在普罗布斯皇帝的推动下，迎来了鼎盛时期。然而，如此绚烂的时代却在接下来的500年间，停滞不前甚至日渐衰落，陷入了所谓的葡萄酒文化的中世纪。

葡萄酒的中世纪史

从公元前20世纪到公元4世纪的漫长时期，得益于希腊人对葡萄酒所倾注的浓浓爱意，以及后继罗马人的热情，绚烂的葡萄酒文化在欧洲得以长盛不衰。然而，随着罗马帝国全盛时期的终结，葡萄酒的历史也进入了悲惨的中世纪。

提起中世纪，那是一个活力丧失、文化止步不前、迷信横行、人人蜷缩于基督教阴影之下的黑暗、漫长、死气沉沉的时代。中世纪一直处于历史的谷底，直到灿烂的文艺复兴敲醒警钟，才将人们从倦怠的长眠中唤醒。虽然在社会史上，就中世纪究竟是否是毫无意义的时代这一问题，尚存在各种争议，但仅就葡萄酒史而言，此后约 400 年的时间，无疑是进入了一段低迷的时期。

葡萄酒史之所以会进入这样的中世纪，第一个原因是开始于公元 375 年的民族迁移，日耳曼民族首次登上了历史的舞台。

著名的古罗马历史学家塔西佗曾这样描述日耳曼人：修长健美的腿和手臂，宽阔的肩膀与发达的胸肌组成了倒三角形的高大身躯，面容窄瘦，金色的头发如狮子的鬃一般垂下，蓝色的眼睛清澈明亮，从外表就表现出天生的攻击性。

长发上涂着兽油和黄油，嘴里喷着生洋葱的气味，裹着兽皮，满身跳蚤和虱子，成群结队地冲进了罗马境内的日耳曼人，在已经经过了文化洗礼的小个子罗马人眼里，简直就是魔鬼和大猩猩，是异常可怕的野蛮人。

　　"野蛮"的日耳曼民族突然出现在了世界史上，在以后的欧洲历史上，他们始终扮演着主角。然而，他们的出现却也象征着中世纪的到来。日耳曼人最终掌握了西欧的实权，从墨洛温王朝到加洛林王朝时期，他们统治着整个欧洲，最后分裂成了法国、德国、意大利这一欧洲的三大基干，并一直发展到了今天，成为执世界历史之牛耳的原动力，这在当时是任何人都无法想象的事情。总之，世界已经进入了金发碧眼、身材高大的"红毛人"的时代。

　　罗马人早就开始厌烦这些北方的野蛮民族，严令禁止了对北方的葡萄酒出口，因此日耳曼人中就连族长和王侯几乎都不知葡萄酒是何滋味。禁运的不仅仅是葡萄酒，几乎所有的通商行为都遭到了禁止。罗马人极力地防备着北方人进出罗马境内，只有罗马的雇佣兵例外。多米提安皇帝以莱茵河为要塞建起长长的城墙防御敌人，也是因为担心日耳曼人的入侵而做出的应对之策。

　　罗马人眼中的这一北方系的野蛮民族，以粗放的农业为生活基础，他们将广阔的土地当作无限的财产，为了追求新的耕地而年复一年地不断迁移。也就是说，他们并非游牧而是游耕的流浪民族。只要有土地他们就别无所求，虽然他们尚不知晓葡萄酒是何滋味。

　　过着平和生活的日耳曼民族天生就十分强壮，打起仗来自然也非常勇猛，但他们却并不像看起来的那样是凶恶的野蛮人。虽然当时他们的优秀品质还没有经过打磨，因此尚无从显现，但日耳曼民族实际上是一个蕴藏着无限创造性与哲学天赋的优秀民族。

　　公元376年，匈奴人从遥远的乌拉尔方向迁移而来，越过伏尔加河直捣日耳曼民族后背。日耳曼人被迫开始向西向南迁移，这就是所谓的民族大迁移的时代。大批日耳曼人最终出现在了欧洲，为了求生他们首先侵入意大利，罗马人并不愿意接纳他们，也曾尝试着抵抗，这导致了日耳曼民族的大暴动，他们随心所欲地展开了掠夺。

　　日耳曼民族分为几个不同的部族，东方系有东哥特、西哥特、汪达尔、勃艮第、伦巴第，西方系有苏维汇、阿勒曼尼、法兰克、盎格鲁、撒克逊，北方系有诺曼等。其中，唯有北方系的诺曼族没有受到来自匈奴人的压力，因此没有加入这次民族大迁移。在以大海盗的身份成为掠夺英国和法国的第二次民族迁移的主角之前，诺曼族一直在斯堪的纳维亚一带静静地养精蓄锐。在上述部族中，西哥特首先侵入了意大利，汪达尔、苏维汇、勃艮第等部族越过莱茵河进入了高卢，汪达尔、苏维汇又进一步从伊比利亚半岛南下到达北非寻求安身之地。盎格鲁和撒克逊两个部族在到达英国后，不断地成长，之后终于成为世界史的主角之一。而被日耳曼民族入侵的罗马人和构成高卢—罗马人主体的凯尔特人只得四散逃走。就算想要抵抗，仅凭当时几近崩溃的罗马也已无力防御，只会被勇敢的日耳曼人强健的体格所碾压。罗马人最终选择了让平日作为雇佣兵的日耳曼兵团与他们的同族人互相战斗。

实际上，这些迁徙而来的日耳曼人，只是单纯地想要寻求土地而已，只要能种种小麦和蔬菜、养养鸡，他们就再无所求，他们也不喜欢以流血的方式征服和统治其他民族。渐渐地，罗马人终于认识到了这一点，给了他们一定的土地之后，战乱开始平息下来。然而，日耳曼人的农业是不施肥的粗放农业，每年不耕种新的土地就无法获得收成，而轮作又需要非常广阔的土地作为保障，这导致很多当地的农民被迫弃农逃散，很多葡萄山也遭到了破坏，葡萄酒的酿造也因此一落千丈，衰落了下来。

日耳曼民族的西迁最终导致了西罗马帝国的崩溃，日耳曼雇佣兵出身的奥多亚克发动的政变是其直接的原因。如此侵入而来的日耳曼人的各部族，接受了罗马文化和新基督教文化的熏陶，并品尝到了葡萄酒的滋味，但若要他们在葡萄酒的酿造上有所精进，还要再等到下一个时代。

中世纪葡萄山缩小的原因还有一个要素，那就是在稍晚一些的8世纪早期，渡过直布罗陀海峡，侵入西班牙的伊斯兰势力的存在。

穆斯林严格遵循《古兰经》的教导，严禁饮酒。因此，在伊斯兰势力的统治下，人们无法随心所欲地饮用葡萄酒。但是，穆斯林对异教徒却非常宽容，西班牙人并没有全都改宗信奉伊斯兰教，葡萄山也没有完全被毁坏。但在伊斯兰政权的统治下，改宗者自然不在少数。伊斯兰势力越过比利牛斯山脉，屡屡入侵法国，图尔、波尔多等地都曾多次遭受战火的摧残。虽然葡萄园还没有达到日耳曼人入侵所导致的荒废程度，但也在局部上造成了葡萄酒酿造业的衰落。

在中世纪，只有一些地方豪族、寺院和教会保护着自罗马时代以来的葡萄酒酿造技术，葡萄酒文化想要完整地保存下来，还需要有几个世纪的忍耐。如此，葡萄酒的历史走上了下坡路，进入了所谓的中世纪时期。然而，在欧洲的历史上，日耳曼人的登场却是一个非常重要的大事件。始于古希腊，后被罗马人所继承的文化源流，构成了意大利本土罗马人的文化源头，以高卢为主接受了罗马文化洗礼的西欧高卢—罗马人，与罗马人一样属于雅利安人。他们与很晚才登上历史舞台的西方系日耳曼人相融合，形成了现代欧洲人的祖先，从这方面看来，这一民族大融合的时代——中世纪有着非常重大的意义。

　　日耳曼人并没有花费太长时间就在欧洲获得了主导地位，他们最终成为西罗马的统治者。无论是在勃艮第还是巴黎，日耳曼人都成了当地的统治阶级。5世纪末，法兰克王国墨洛温王朝的第一代国王克洛维（约481年即位）改宗基督教（496年或506年），日耳曼自古以来的宗教面临消亡，但日耳曼固有的风俗却难以消失，甚至在某些方面影响了基督教文化。法兰克王国渐渐向周边扩张领土，建立起了横跨法国、德国、意大利的强大王国。在日耳曼众多的部族中，此后扮演着最重要角色的，可以说就是法兰克部族。

　　公元751年，墨洛温王朝被推翻，进入加洛林王朝的时代，第一代皇帝丕平的儿子查理当上皇帝后，统治了整个欧洲。日耳曼民族具有非凡的智慧和能量，在经过了文艺复兴和工业革命后，一直到现代都是历史的重要书写者。对于葡萄酒史也不例外，如果没有他们的存在，葡萄酒史几乎就无法发展下去。

这悲惨的中世纪对于葡萄酒文化来说，也是一个充满考验的时代。葡萄酒的中世纪最终凭借着中兴之祖查理大帝的登场，于 9 世纪初期，比其他文化都早一步迎来了辉煌的文艺复兴。

虽然笔者特意将从日耳曼民族开始登上历史舞台的 375 年，到日耳曼民族的查理大帝继位的 768 年称为葡萄酒的中世纪，但这 400 年间，馨香高雅的葡萄酒文化绝对没有消失。基督教这一新兴教派出现后，葡萄酒文化被基督教徒们悄悄地保存了起来，深深地潜藏于人们的生活之中。

亚洲的形势

葡萄酒诞生于远古时期，经历了在西亚的发展后，葡萄酒文化与其他文化一起传到了希腊。此后，文化史的中心舞台逐步从希腊转移到罗马并最终到达了西欧地区，葡萄酒文化也走过了相同的道路。

随后，所有的文化都停下脚步陷入了稍事休息的中世纪。利用这个机会，让我们回顾一下葡萄酒的诞生地——亚洲的葡萄酒历史是怎样展开的。

在亚洲所上演的是一出亚洲历史剧。在经历了苏美尔与阿卡德的灭亡，古巴比伦、亚述、新巴比伦的兴衰之后，阿契美尼德王朝建立的强大古波斯帝国，绘就了一系列的古代史画卷。然而，葡萄酒的酿造却没有被卷入这充满血腥的人类战争剧，而是不慌不忙、稳扎稳打地传播到了这些势力范围周边的人群中，受到了民众的喜爱，给人们带来了慰藉。尤其在亚洲中心地区——波斯首都波斯波利斯的宫殿中，集中了所有亚洲产的名酒，从黄金杯和玻璃杯中散发出的诱人芳香，夜夜飘荡于宫殿的各个角落。

同样被葡萄酒所征服的东西两大霸主希腊与波斯，经过多次激烈冲突后，公元前334年，希腊统帅马其顿王亚历山大开始东征，随后灭亡了亚洲霸主波斯。

如前所述，亚历山大对于在每场战争中战死的部下尸体，都先用葡萄酒清洗后再埋葬，甚至对于宿敌波斯国王大流士的尸骸，也用葡萄酒行了洗尸礼，以表达希腊式的敬意。

此后，进入亚历山大的世界帝国时代，但仅十多年后，亚历山大病逝，留在各地的部下展开了遗产争夺，帝国领土被一分为三，开启了希腊文化时代。

塞琉古王朝时期的叙利亚几乎继承了除埃及以外的所有近

东遗产。随着时代的发展，巴克特里亚和阿尔萨息王朝时期的帕提亚脱离了塞琉古王朝。随后，西亚也屈服于兴盛起来的罗马势力。但中近东地区继帕提亚之后又兴起了绚烂的波斯萨珊王朝，绽放出了优雅的固有文化之花。葡萄酒的芳香依然萦绕在周围不曾离去。

中近东地区的人们并没有舍弃自己培育出的葡萄酒，而是始终享受着葡萄美酒的香醇及其药效。

人类对于文化的私生子有着旺盛的占有欲。对于美丽、珍奇、方便的事物的执念，以相当可怕的程度驱使着人类的行动。而且，比起生活必需品，对珍贵财宝的占有欲，更能调动起人的积极性。这究竟是人类为美所吸引而大胆追求美的浪漫主义，还是说这不过是为利益所驱使的商人本性的现实结果呢，又或者是两者兼而有之？

在这个时期，人们为了追求遥远东方繁荣昌盛的中国那名贵的丝绸，进行了一场漫长的旅行。在寻求华丽的中国丝绸的同时，葡萄酒也与萨珊王朝精致秀丽的工艺品一起，沿着漫长的丝绸之路向东，一点一点地将其芳香传递到了沿途各地。

越过了帕米尔高原、天山和昆仑山，经过了塔克拉玛干沙漠的考验后，近东的葡萄树苗和葡萄酒逐渐向东传播。

　　这条充满浪漫色彩的丝绸之路，是西方国度绚烂文化传播到远东地区文化史上的一条重要干线。早在丝织品出现在这条线路上之前，似乎就已经有了文化的交流。追溯到中国的史前时期，结合彩纹陶器的分布状况、青铜器文化的传播以及斯基泰人的西伯利亚文化的发展历程、赫梯的铁器文化的传播等痕迹来看，如果说已经怒放于西亚地区的葡萄酒文化，还未将其芳香传播到远东地区，那才会让人感到奇怪！

　　过去，人们经常使用橄榄油作为葡萄酒的防腐剂。按理说将油倒在葡萄酒表面可以防止葡萄酒氧化，这种简单的想法应该具有相当好的持久性才对。但搬运过程中的晃动使得橄榄油与葡萄酒混在了一起，大大降低了葡萄酒的抗氧化能力，根本无法实现长途运输。

　　另一方面，当时的中亚地区还没有现在这么干旱，考虑到当时茂密的植被和充分的生存条件，葡萄树移植的东渐也是具有可能性的。然而，不可思议的是，在这样的古代环境之下，葡萄酒却并未传播到中国的大地上。

　　秦始皇死后，匈奴的势力壮大，逐渐称霸于中亚地区。匈奴人将掠夺来的大量中国丝绸带到了西域一带的绿洲城市之后（约公元前200年），丝绸开始受到西域人民的狂热追捧。自此，

唐代房陵公主墓壁画，提壶持高足杯仕女图，据说，这种高足杯是用来喝葡萄酒的

丝绸之路才真正得到了开发和利用，西域的葡萄酒也随之慢慢向东传播。特别是汉武帝为了得到西域的汗血宝马，派遣张骞出使西域。张骞的一生充满传奇色彩，当他历经十多年的苦难终于回归故土之后，在他的出使报告中这样写道：西域不仅盛产高大的骏马，还有各种各样的奇珍异宝，如能酿造出香醇美酒的葡萄等水果。野心勃勃的汉武帝果断开始着手联通西域，并以超凡的热情开发出了经由中国云南、缅甸更为安全的南方丝绸之路。

然而，自葡萄与葡萄酒千里迢迢传入中国，发展到中国能够自行酿造葡萄酒，这期间经历了丝绸之路从后汉到唐朝的全盛时期，即公元 1 世纪后半叶到 7 世纪左右。在这期间，公元166 年，罗马皇帝奥勒留曾派使者到访中国，葡萄酒应该是他们必备的饮料。唐朝人喜欢舶来品，尤其痴迷胡文化也就是西域文化，因此可以推断，中国人饮用葡萄酒最为盛行的时期应该就是唐朝。

栩栩如生的古希腊时代花纹与绵密优雅的萨珊王朝式花纹的精美工艺品相互交融，演变成以葡萄为主题的植物花纹，表现出了极致的美感，这些美轮美奂的工艺品沿着充满浪漫色彩的丝绸之路一路向东传播，其中的一部分向东越过大海，到达了年轻的日本首都——奈良。翻阅日本正仓院藏品的照片，那微弱的葡萄酒余香依旧沁人心脾。虽然不知道当时奈良都城里的宫人们有没有品尝过葡萄酒，但这样的可能性也不能完全否定。

越过梦幻的帕米尔高原和高耸入云的天山山脉与昆仑高峰，跨过广阔的塔克拉玛干沙漠，便到了中国的西大门——玉门关。9世纪以后，由于开通了直达欧亚的海路，这条丝绸之路便渐渐衰落了。

而在西亚地区，公元570年前后，随着穆罕默德的诞生，终于进入伊斯兰教统治的时代。他们谨遵唯一的真主安拉与原始经典《古兰经》的教诲，逐渐忘却了曾亲近了6000余年的饮酒习惯。在葡萄酒的故乡近东一带，葡萄酒文化彻底销声匿迹了。

《古兰经》里说：葡萄酒是一种具有魔性的饮料，它会如火焰般燃烧汝等，使汝等堕落，忘记对神的祷告。这与基督教徒们所说的"葡萄酒乃基督之血"形成了鲜明的对照。

伊斯兰教的势力迅速扩大，从北印度、中印度、中亚到埃及、北非地区，甚至是欧洲的西班牙，这一片片广阔的地域都渐失葡萄酒的芬芳。雪上加霜的是，13世纪上半叶出现了被称为"上帝之鞭"的成吉思汗，使得黑海沿岸勉强保住余命的中东葡萄山，也陷入了体无完肤的悲惨境地。

　　孕育出了葡萄酒的东方诸国命运还不止于此。希腊人之后，罗马人精心培育起的东欧地区也没能幸免于难。1453 年，土耳其的穆斯林占领了君士坦丁堡，东罗马帝国就此灭亡，东欧地区也深受伊斯兰教的影响，葡萄酒文化也随之渐渐地消失了。

　　就这样，伊斯兰国家中的葡萄酒文化渐渐遭到了抹杀。但是，唯一让人感到慰藉的是，这些国家中的葡萄山并未被完全毁坏。葡萄这种受人喜爱的水果也得到了穆斯林的青睐。他们将葡萄的果肉制作成"葡萄蜜"，用以填补那缺少甜味的寡淡时光。同时，在西亚的其他地区，穆斯林利用天赐的干燥气候，大量生产葡萄干，这成为他们无以替代的宝贵的储藏食品。这种传统一直持续到了今天，使得西亚与美国的加利福尼亚地区成为世界知名的两大葡萄干供应地。

查理大帝与葡萄酒文化的文艺复兴

　　日耳曼民族如潮水一般自遥远的东北方流向欧洲中西部地区，这一民族大迁移行动使得西罗马势力日渐衰落，历史也随之进入中世纪时期。在此期间，日耳曼的各个部族在各地建立起了王国，如欧洲大陆中西部的法兰克王国、意大利的东哥特王国、北意大利的伦巴第王国、不列颠岛上的盎格鲁—撒克逊王国等等。其中，在包括法国的勃艮第和德国在内的欧洲重要中枢地区建立起来的墨洛温王朝法兰克王国，于751年被宫相加洛林家族的丕平推翻。丕平的这次政变，如果没有后继者查理大帝出现的话，它本身也就是单纯的权力转移，最多也不过是一场满足个人权力欲望的游戏而已。然而，查理大帝这位名君的出现，在之后的欧洲历史上具有重大的意义。

查理在继承了法兰克的王位之后，努力学习那位为亚洲古代史留下绚丽篇章的波斯帝国国王大流士一世的雄才大略，积极整顿军备，强化内政、财政管理以增强国力，很快就开始向四周扩展领土。最后，他将除西班牙、北非以外的曾属于西罗马帝国的欧洲大部分地区都置于自己的统治之下，甚至在莱茵河以东地区建立起了国家，并最终迫使罗马教皇利奥三世承认了自己作为西罗马帝国皇帝的身份。这是继古代帝国灭亡后，欧洲出现的首个帝国。查理作为一代名君，史称"查理大帝"。

为了加强军备，充盈财政，查理大帝特别重视农业生产，特别是葡萄山的扩大。

　　在日耳曼人入侵西欧之初，葡萄酒文化相当荒废。但在那之后 400 余年的漫长岁月里，葡萄酒顽强地与深入人心的基督教相融合，逐渐笼络了日耳曼人的心。查理大帝早就意识到，葡萄山的经营必将成为国家财政的重要来源。

　　日耳曼民族原本就有豪饮的传统，无论是啤酒、葡萄酒，还是其特有的烈性蒸馏酒，他们都毫无例外地一边唱着低俗的歌曲大声喧闹，一边畅饮。虽然当时在普通的民众间还不存在所谓的用餐礼仪，但宫廷里的人们却将罗马人所留下的餐桌礼仪继承了下来，而这种继承终有一天会帮助他们孕育出属于自己的葡萄酒文化。也就是说，日耳曼的上流社会继承了过去希腊人与罗马人对葡萄酒的热爱，查理大帝也注意到了他们所创造的餐桌礼仪，以及包括与此相关的一系列餐具器皿等工艺品在内的葡萄酒文化。

　　查理大帝怀着憧憬的心情致力于整治和扩大葡萄山。就葡萄酒文化而言，查理大帝可以称得上是文艺复兴运动的先驱。自他之后兴盛起来新欧洲式葡萄酒文化以及葡萄山大扩张的时代，笔者将其称为葡萄酒文化的文艺复兴时代，它比其他领域的文艺复兴要提前几个世纪。早在查理大帝时代，即 9 世纪初，葡萄酒的文艺复兴就已经到来了。

查理大帝不仅致力于增加葡萄酒的产量，在品质的改良上也是煞费苦心。如前所述，在整个中世纪，保护葡萄酒的功臣首先是教会，钻研学问，将自古希腊以来的科学守护和保存下来的也多是神职人员。教会与修道院学习罗马人，特别是马尔库斯·波尔齐乌斯·加图所著的《农业志》等关于葡萄酒酿造的教科书，将罗马人的酿酒技术继承了下来。毫无疑问，查理大帝就是以这些神职人员，特别是曾从事过农业生产的修道僧为主体，推进了葡萄山的扩大和葡萄酒品质的改良。

查理大帝的这一系列举措也是为了巩固自己的政权。

王权与教权的冲突与融合是当时最大的难题。查理大帝通过巧妙地利用教会权威，扩大了葡萄山，提升了葡萄酒的品质，不仅能够为教会带来更大的利益，也巩固了自己的政权。

这种教会与王室之间复杂的相互利用，在查理大帝之后越发盛行，成为贯穿该时代的一大特征。王室有时会过于迁就教会而忽视治下的封建领主，从而引发了他们的不满。在英国，甚至发生了迫使国王约翰签署著名的《大宪章》的事件。

在查理大帝的时代，实现了教会与王室之间巧妙的互相利用，这才成功使得教皇能够为王室所用。

在查理大帝的号召下，教会和修道院开始热心致力于推进葡萄酒文化的发展，并最终使欧洲创造出了新的葡萄酒文化，正可谓是文艺复兴。直到近代为止，这种葡萄酒文化都是教会文化的一部分，并且回馈给了王侯，在贵族的生活中得到了进一步的消化、吸收，并且在贵族的饮食生活与教会的财富积累之间你来我往，达到了互相促进的效果。

在查理大帝为改善葡萄酒的酿造而发布的政令中，有几项十分著名的条令。

当时，人们沿用着自埃及时期以来的制造葡萄浆的做法，即由妇女们赤脚将葡萄果实踩碎。查理大帝认为这种方法很不卫生，是对葡萄酒的一种亵渎，便将其禁止，并发明了一种名为 Truttas（现在通常称为 trotta）的棒子，用其将葡萄捣碎。

此外，直到现在还能在奥地利与德国的乡村看到的 Steausswirtschaft（在门口装饰着花环和树叶作为招牌，出售自酿葡萄酒的场所），实际上也是查理大帝的首创。葡萄园的园主为了能吸引更多的人来品尝自家的葡萄酒，费尽心思地在街道醒目的地方挂上花环和树叶，以吸引过往行人的注意。然而，上品的葡萄酒总是留作自用或者献给王侯，客人们品尝到的大都是些品质一般的葡萄酒，因此人们讽刺这种情况为"上品无花环"。

查理大帝在位于莱茵河畔英格尔海姆的居所过冬时，发现对岸山上的积雪融化得较早，认定这是一片适合葡萄种植的土地，便命人开垦葡萄田，并从奥尔良移植来了葡萄树苗。以此为开端，葡萄园开始沿着莱茵河干流、北纬 50 度蔓延开来。如此看来，是因为查理大帝注意到了对岸吕德斯海姆的山，才有了今天著名的 Rüdesheimer Berg 葡萄园。然而与一般传说所不同的是，约翰尼斯贝格并不是查理大帝直接命人开垦的，而是在他死后三四十年的公元 850 年，富尔达的一位修道士才开始在这里种植葡萄。1090 年，尼可拉斯教堂建成；1130 年，教堂变成了约翰尼斯修道院。后来，美因茨的大主教鲁塔德将这里变成了葡萄园。发展到今天，这里已经成为超一流的葡萄产区。但最早注意到当今世界上白葡萄酒产地的心脏所在——莱茵高的人，确实可以说是这位查理大帝。

查理大帝去世后，他的后继者们对待教会的策略堪称拙劣，查理大帝建立起的帝国势力逐渐被削弱，沦为教皇权力的附庸。当发展到第三代，也就是查理的孙子那一代时，终于在兄弟相争之下，曾经的大帝国被分裂成三个王国：意大利、东法兰克王国、西法兰克王国。而这基本就是现在构成欧洲核心的意大利、德国、法国三个国家的基础。随后，由此而来的意大利、德国、法国与稍后诞生的西班牙、葡萄牙等五国，作为最重要的葡萄酒产地一直发展至今，培育出了各自独特的葡萄酒口味。

查理大帝所引发的这场葡萄酒文化的文艺复兴，形成了巨大的浪潮。以此为开端，葡萄园在欧洲不断扩大，并且以惊人的势头继续扩展，进入了任何人都能畅饮葡萄酒的时代。其势头甚至远远超过了过去罗马人在高卢和伊比利亚地区推广葡萄酒文化的鼎盛时期。

然而，越是发展势头正旺，却越是遭遇到了各种可怕的不利条件。所谓的不利条件，首先是9世纪中期的第二次日耳曼民族大迁移，即诺曼人入侵西南欧。过去，除了诺曼人以外的日耳曼各部族曾越过莱茵河南下，大肆破坏罗马文化。而这次，同属日耳曼民族的诺曼海盗以相同的破坏力由斯堪的纳维亚半岛南下，开始入侵东、西法兰克王国，给葡萄山造成了一定程度的损伤。结果，西法兰克为了安抚诺曼海盗头领罗洛，不得不献上塞纳河下游的土地，因此在法兰克的西海岸线才会出现诺曼底公国。随后，诺曼底公国的公爵还征服了英国，但当诺曼底王朝灭亡后，诺曼底公国反而变成了英国的领土，自此，英法两国在葡萄酒史上开始出现了密切的来往。

不利条件之二，是自11世纪末开始，历经200年，多达七八次的十字军东征，使许多农民出身的青少年离开了欧洲。为了夺回圣地，他们被送上了耶路撒冷的战场。然而，也有学者认为，十字军东征使得欧洲人第一次接触到了那未知的遥远葡萄酒文化的先进国家，反而促进了欧洲葡萄酒文化的发展。

不利条件之三，是欧洲内部的长期战乱。在经过了与西班牙撒拉森人的对决，以及涌现出女英雄贞德的英法百年战争等一系列苦战之后，进入 14 世纪，却又遇到了最大的不利条件——黑死病的大蔓延。黑死病肆虐整个欧洲，无情地收割着居民们的生命，使欧洲人口锐减了三分之一以上，无论他们是农民还是贵族。

虽然这场黑死病的流行以及随后的战乱，使葡萄山大扩张的时代被迫画上了终止符，但自查理大帝之后发展至此的六七百年，是葡萄园大扩张的时代，也是欧洲人开始大量消费葡萄酒的时代。在此期间，欧洲人已经完全使葡萄酒染上了自己的颜色，并开发出了特有的葡萄酒礼仪和与葡萄酒相关的器具。

这个时代也是新的欧洲式葡萄酒文化形成的时代。值得一提的是，新的葡萄酒文化在教会和贵族间诞生后，不断地向农民阶层渗透，它摆脱了昔日的罗马风格葡萄酒文化，在新基督教文化中获得了新生。这就是新欧洲葡萄酒文化诞生的全过程。随后，葡萄酒文化又迎合着时代的需求不断进化和成熟，直到今天风靡于整个欧洲世界。因此，自查理大帝开始发展至此的时代可以称得上是葡萄酒文化的文艺复兴时期。

葡萄山的扩大与新葡萄酒文化的成熟

各地的修道士们继承了查理大帝的意志，致力于葡萄酒品质的改善。首先见到成效的就是葡萄树的改良，这极大地提高了葡萄的产量。例如，在10世纪左右的圣加伦修道院，由于葡萄产量的剧增，地窖被葡萄酒塞得水泄不通，最终不得不将葡萄酒桶摆满了整个宽敞的庭院。

在以前的很多修道院中，除了修道院里的人之外，只有穷人和病人才能享受到葡萄酒的恩惠。然而随着葡萄产量的增加，不仅仅是修道院周围的居民，就连其他教会的信徒们也都开始享受这些恩惠。

许多葡萄园都作为修道院的财产被登记保护了起来。富尔达、洛尔希、莫尔布龙、阿尔萨斯、哈斯拉赫、圣加仑、皮卡第等修道院都确立了自己名下的葡萄园。10世纪初，阿尔萨斯所属的葡萄庄园数量就已经过百。修道院从葡萄酒酿造中大大增加了财政收入，借此再继续扩大葡萄园，获得循环利润，修道士们逐渐变成了杰出的葡萄酒商人。埃伯巴赫修道院在神圣罗马帝国奥托一世的庇护下，在莱茵河上组建起了一支大船队，利用免税特权经营着海外贸易，甚至将葡萄酒出口到了遥远的英国。同样得到庇护的另一个修道院，就是勃艮第的伏旧园。

在酒窖里品尝葡萄酒的僧侣

12 世纪以后，在规模高达 50 公顷的葡萄园中，这里一直持续着令人惊叹的葡萄酒酿造事业。

　　以修道院为中心的教会成员成为酿造葡萄酒的核心，葡萄酒在教会中扎下了根。12 世纪以后，他们将葡萄酒引入了基督教神学，教会开始频繁地使用葡萄相关的花纹进行装饰。科隆、美因茨、施派尔、特里尔、弗莱堡、兰斯、布尔日、第戎、沙特尔、昂热、斯特拉斯堡等教堂的穹顶就是最好的例证。沙特尔（13 世纪）等教堂都在主教堂中绘有葡萄酒窖。此外，他们还会用葡萄藤取代基督头戴的荆棘冠，在圣母马利亚像周围撒满成串的葡萄，或是画出基督站在葡萄酒窖中的情形，或是描绘出自基督体内流出的血，滴进葡萄榨汁器中，化为葡萄酒再生的故事。诸如此类，从这一时期起，人们开始将葡萄酒神圣化，甚至有了"受伤的基督，就是流血的葡萄"这种说法。由此，与基督教世界密不可分的欧洲葡萄酒文化逐渐成熟起来。今天，有很多葡萄园的名称都与修道院或教会有着千丝万缕的联系，其源头也就在此。

　　另一方面，葡萄山的扩大也令人瞩目。南欧的法国和意大利等地已不足为奇，这种扩大竞争甚至如滚雪球一般不断北上，甚至越过了适合种植葡萄树的极北之地——莱茵河一带：973

年到达图林根，1060 年经海因里希一世之手到达易北河畔，
1128 年奥托大主教甚至将葡萄山扩大到了波莫瑞。萨尔茨堡的
弗赖辛大主教曾于 9 世纪先后在瓦豪和帕绍开始酿造葡萄酒，
到了 12 世纪时，葡萄庄园已经扩大到了拜恩和奥地利。不仅
如此，在这个时期，葡萄园甚至已经延伸到了摩泽尔河与罗纳
河上游的山坡上。然而在 10 世纪以前，人们甚至不知道什么
是阶梯状的葡萄园梯田。

　　在此背景之下，到了 10 世纪左右，即使莱比锡地区出现
葡萄园，已经没什么可大惊小怪的了。但在英国本岛汉普郡的
贝津斯托克，早在 8 世纪时就已经开垦出了葡萄园，这就令人
大吃一惊了。虽然英国的地理条件并不适合种植葡萄树，但在
与葡萄酒的交往上，英国人比其他的日耳曼人更早也更加深入。
直到今天，英国人依然热衷于饮用葡萄酒，堪比意大利、法国、
德国等葡萄酒生产大国。虽说其中的一大原因应该是与前述的
诺曼底公国有关，但早在 8 世纪时，英国人就已经开始苦心酿
造葡萄酒了。虽然那时的产量有限，但也令人感到惊讶。此外，
他们还从欧洲大陆大量进口葡萄酒。也许是由于饮酒过度，
1236 年，在坎特伯雷举行的会议上，做出了禁止神职人员参与
喝葡萄酒比赛的决定。

　　葡萄山在与各种不利条件的斗争中，一路北上，到达了北海与波罗的海一带，并最终进入了丹麦。16世纪初，德国的葡萄种植总面积达到30万公顷，创下了史上空前绝后的盛况。如今有句话叫"莱茵河沿岸的土地都是葡萄酒产地"，而在当时，这句话则是"德意志的土地都是葡萄酒产地"。

　　在德国南部的莱茵河沿岸，开始出现了名酿葡萄酒。当时德国的三大葡萄酒是：莱茵河的巴哈拉赫、美因河的克林根贝格、维尔茨堡。其中尤以巴哈拉赫葡萄酒品质最为优良，最受教皇庇护二世（1458—1464年在位）的喜爱。

　　虽然早在古时，罗马人就已经摆脱了希腊式的味觉，但中世纪时期的葡萄酒，还是与我们现在所熟知的名酿略有差异。特别是大量生产的大众葡萄酒，大多都又苦又酸，通常都得加些蜂蜜或者香料，才能好喝些。只是在调味方向上，已经摆脱了希腊人的味觉偏好。然而，以优质葡萄园为产地，精心酿造出的名酿葡萄酒，已经不需要再混入任何东西就可尽情饮用了，这也是罗马人摆脱了希腊式风格的一大功绩。

　　到了中世纪末，人们已经开始享用起纯葡萄酒。然而，随着葡萄酒的酿造区域急剧扩大，连北纬55度附近地区都开始酿造起了葡萄酒，但这些地区大都只能酿造出酸涩寡淡的劣质葡萄酒，这些酒还是得加入蜂蜜等进行发酵，调味之后才适合饮用。因此，性格豪爽的南欧人这样讽刺北方的葡萄酒："看着确实像葡萄酒，喝着可不像葡萄酒，怪不得连支歌都唱不出来。"但即便如此，葡萄酒的芳香依然能够虏获人心，其巨大的消费量甚至超过了啤酒。

在当时，人们还不知道咖啡和红茶。中世纪初，人们还只是在晚餐时少量饮用葡萄酒，但到了葡萄酒文艺复兴的鼎盛时期，无论是商谈、会议，还是招待，都缺不了葡萄酒。甚至到了没有葡萄酒的聚会就没有人前去参加的地步。德国人均一年的葡萄酒消费量达到了 140 升（约现在的 18 升），这简直到了把酒当水喝的地步。这样的大消费时代，自此以后再也未曾出现过。

如此大量饮酒的时代引发了一大社会问题——健康问题。这也引发了反葡萄酒运动。

反葡萄酒运动并不是禁酒运动，而是一场倡导人们适量饮酒的运动。领军者是于 1523 年成立于圣克里斯托弗的保持节制协会。

此外，葡萄酒中的添加物也成了一大问题，这类似于今天的伪劣商品问题。比如在乌尔姆，不只是葡萄酒酿造者，就连葡萄酒商人们都必须起誓，保证葡萄酒中绝没有混入异物。所谓的异物，包括灰烬、石灰、芥末、培根、红花、梨汁或苹果汁、铅白、水银、凤仙花、硫酸盐等物质。这些东西或是用作调味品，或是用作防腐剂，这与希腊风格的添加物具有不同的性质，将这些东西混入酒中一起饮用的习惯实际上持续了很长的一段时间。

1495 年，巴登的领主克里斯托夫发布公告，倡导尊重葡萄酒的自然状态，禁止买卖混入异物的葡萄酒。唯一允许使用的是作为防腐剂的硫黄，但也明确规定硫黄的用量必须在不损害人身体健康的范围内，而且有义务标示出"使用硫黄"。从古时起，硫黄就用于调节葡萄酒的发酵，还是一种可以帮助葡萄酒长期储藏的还原剂。如今，硫黄和山梨酸都是得到认可的抗氧化剂与杀菌剂，硫黄实际上比山梨酸使用得还要广泛。

今天完善的葡萄酒法所解决的各种问题，在当时就这样零零星星地由各地的统治者通过发布政令得以解决。有趣的是，他们所发布的政令有这样一个共通之处，那就是任何地方的领主都禁止混合使用不同品种的葡萄进行酿酒。今天法国和德国等先进国家的葡萄酒法中有关混合酒的规定，就是以该禁令为原型的。

虽然当时还不存在正式的葡萄酒法，但在中世纪初，墨洛温王朝的克洛维一世（481—511 年在位）时期，已经有了《萨利克法典》。该法典规定偷一株葡萄要罚 15 先令，然而，克洛泰尔一世（511—561 年在位）却又认为偷葡萄不满三串就无罪，总之，这种法令的随意性很强。

随着时代的发展，围绕葡萄酒所引发的纷争也愈演愈烈，并且越来越复杂。

例如，14 世纪初，伦敦的葡萄酒商人曾与波尔多的出口商爆发了一场激烈的冲突，甚至闹出了人命。冲突的起因是，有一名伦敦商人企图直接从生产者手中购买商品，面对这样的要求，波尔多的商人们又怎能袖手旁观。结果，冲突爆发，这直接导致爱德华三世于 1354 年禁止了直接购买。

在当时，仅波尔多一座港口，1350 年一年间就要装卸 1.35 万吨葡萄酒，1373 年间就有两百艘英国船只出入该港。英国与波尔多间的葡萄酒贸易，自古以来就非常繁盛，发生一两次流血摩擦事件也实属正常。

根据汉萨同盟制定的商业政策，德国人秉承着葡萄酒乃是神赐之物的原则，通过正当渠道进行着葡萄酒的交易。

与此同时，酿造葡萄酒的技术研究也在不断进步。此前，人们一直依赖着罗马的加图，以及更早的希腊时期的泰奥弗拉斯托斯所著的农学书籍。1304 年至 1309 年间，博洛尼亚人克雷桑迪出版了一部标准的农学书，名为 *Ruralium commodorum libri* XII，该书的第四卷介绍了葡萄树、葡萄园经营、葡萄园艺学等有关葡萄学的最新研究成果。这在当时引起了巨大的轰动。

葡萄酒杯也开始有了今日的玻璃杯的形状，出现了做工精致的高脚杯。欧洲的葡萄酒文化就这样在中世纪时期，与深入人心的基督教这一新兴宗教一起得以确立，成为欧洲文化不可或缺的一部分。

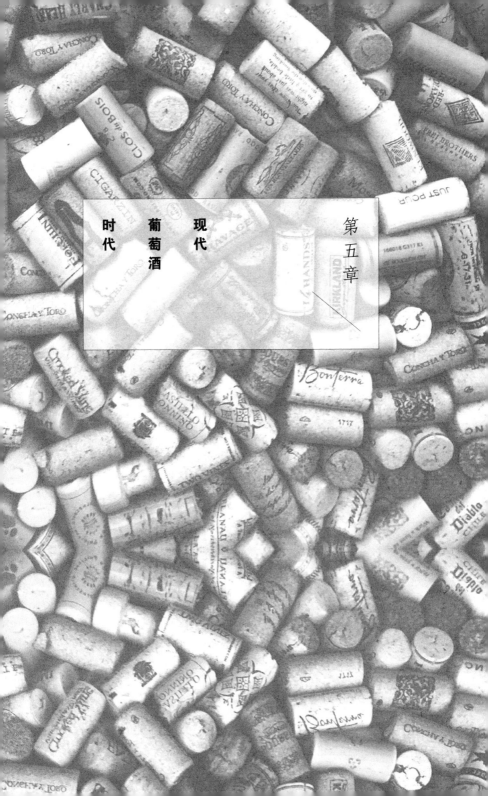

第五章　现代葡萄酒时代

质大于量，拉开现代葡萄酒时代的序幕

继查理大帝敲响阵鼓之后，葡萄酒文化随着时代的发展不断成长，随之进入量产葡萄酒的时代。15 世纪，欧洲从北纬 36 度到 55 度一带，几乎随处可见盛开的葡萄花。甚至连本应与葡萄酒无缘的德国人，人均一年的葡萄酒消费量也达到了140 升。然而，葡萄酒的发展也就此到达了顶峰，此后，这一葡萄酒大量生产与消费的时代，开始逐渐走下坡路。

接连不断的战乱与夺走了欧洲三分之一人口的黑死病，确实是不可否认的间接原因，而德国 30 年战争所造成的国土荒废则是直接原因。除此之外，实现了量产的葡萄酒，实际产出的其实多是些寡淡劣质的葡萄酒，这种量产本身与人们对葡萄酒品质要求的提高背道而驰，由此引发的新陈代谢，都是重要的原因。北方出产的品质不稳定的葡萄酒，自然而然也被淘汰，

并且不会再有复兴的机会。除了品质稳定的意大利、法国、西班牙等南欧国家之外，唯有雷司令的故乡——德国南部莱茵河沿岸的葡萄山还处于比较稳定的状态。

这一时期，社会上贫富差距开始越来越大，穷人们将原本就寡淡的葡萄酒用水稀释之后再喝上几口，而富裕阶层的人们对于葡萄酒品质的要求却越来越高。比起在稳定的地方勉强生产出的酸涩葡萄酒，在安定的地方精心酿造出的高品质葡萄酒才更加有利可图，因此，栽培葡萄酒的农民们开始逐渐将精力转向了如何酿造出高品质葡萄酒。

这种转换正是朝我们现在所品尝的现代葡萄酒迈出的第一步。

由于王侯贵族的生活越来越奢侈，居所也从所谓的"要塞型城堡"变成了"宫殿型城堡"。他们大摆夜宴招待宾客，宴会上的菜肴多达数百种，据说强健的年轻人几乎可以尝尽这百种佳肴，而对于在享用不同美食之间润喉用的葡萄酒，根据所搭配的不同菜肴的味道，人们对其要求也越来越高。在此背景之下，为了提高自身的收入，种植葡萄的农民们也开始迎合权贵们的需求，努力地尝试提高葡萄酒的品质，丰富葡萄酒的多样性。

15世纪从采摘到酿造的葡萄酒生产过程

　　例如，香槟地区与勃艮第地区的农民为了争夺皇帝的独宠，展开了长达一个世纪的斗争，最终败北的香槟地区虽然输了竞争，但却酿造出了那流芳后世的耀眼的发泡酒——香槟。

　　第一个酿造出了真正发泡酒的人，是欧维莱尔的修道士——一位名叫佩里尼翁的葡萄酒酿造名家。他在试饮第一杯香槟的时候，就不禁发出惊叹："这味道简直像星星一样！"

也就是在这一瞬间，灿烂辉煌的香槟发出了呱呱坠地后的第一声啼哭，而这正是献给现代葡萄酒时代最为珍贵的礼物。

这一切发生于 17 世纪末。

为这种发泡酒赢得赞誉的一大关键因素，是当时开始使用丛生于伊比利亚半岛和马耳他岛等地软木的外皮。17 世纪末18 世纪初，人们开始对柔软强韧的软木皮进行精细加工，制成瓶塞用于葡萄酒的密封。此前，人们都是使用皮质或者陶制容器，去酒窖里购买葡萄酒。而瓶装酒不仅使得葡萄酒的流通变得更加方便，也为消费者带来对装瓶后熟成的期待。虽然现代人都是理所当然地品尝着熟成后的口感，而这却是迈向现代葡萄酒的一个重要的起点。

总而言之，葡萄酒发展的重点开始由追求量转向了重视质，而这场品质竞争的导火索，则要追溯到 16 世纪初。先驱是一种名为托卡伊的葡萄酒。该葡萄酒发挥出了福明特（furmint）葡萄的特征，最先在高品质葡萄酒界崭露头角。

在匈牙利的托考伊地区，用喀尔巴阡山的贵腐葡萄酿出的贵腐精选葡萄酒也终于问世。实际上早在 11 世纪时，匈牙利就开始种植福明特葡萄了。匈牙利的开国国王伊斯特万一世在信仰基督教，接受罗马教皇的洗礼时，曾邀请意大利的葡萄农到匈牙利，也就是从那时起，匈牙利开始种植这种葡萄。

随后，玛丽娅·特蕾莎女王（1740—1780 年在位）也顺应品质改良的浪潮，引进了勃艮第葡萄品种，不过这都是后来的事情了。

在布拉格，查理四世（1346—1378 年在位）大力扶持和保护葡萄的种植，引进了德国的琼瑶浆（Traminer）葡萄，这成为捷克葡萄酒的始祖。

法国、西班牙、意大利等南方各国的葡萄种植就更不用说了，为了迎合富人们的要求，葡萄农们的生产方向都非常明确，那就是想方设法提高葡萄酒的品质，使得其越来越接近于现代葡萄酒。

在北方的葡萄酒产地德国，葡萄酒的品质改良也终于迎来了一个巨大的突破，创立了"迟摘法"，并依此酿出了"迟摘酒"（spatlese）。迟摘法的发现源于1775 年的一个偶然事件，地点是位于莱茵河畔约翰尼斯贝格的葡萄园。此后，德国葡萄酒界酝酿出了具有独特芳香的白葡萄酒，并一举进入世界著名葡萄酒之列。由于迟摘法能使酿造出的葡萄酒口感更加醇厚，符腾堡等地的州政府为了改良当地葡萄酒的寡淡口味，于1807 年立法，要求必须采用迟摘法和选果法，并规定有义务在榨汁前去除果柄。由此可见，在这一时期，人们开始绞尽脑汁、千方百计地进行着葡萄酒品质的改良，而这一切都成为通往现代葡萄酒之路的显性路标。

随着葡萄酒品质的提高，享受高品质葡萄酒逐渐成为习惯。即便是处于社会底层的民众，他们也不再满足于饮用那些只能当水喝的寡淡葡萄酒，而是更多地青睐于享受优质葡萄酒那醇厚的口感与趣味，哪怕量少也在所不惜。另一方面，在与葡萄酒相关的一系列器皿方面，人们也开始有了各种各样的艺术性需求。此外，与葡萄酒相关的诗歌等葡萄酒文化伴随着新时代的到来，也焕发出了绚烂夺目的光彩。歌德和席勒等葡萄酒行家为葡萄酒文化的繁荣做出了巨大的贡献。

从这一时期起，开始出现了每饮用一种葡萄酒就换一次玻璃杯的习惯。

大航海时代与葡萄酒文化的传播

人类自昏睡中清醒，看到一线希望后，都会立刻变得精神焕发。当痛苦绝望的中世纪结束后，欧洲人爆发出了惊人的能量，大踏步地迈向了下一个鲜活的时代。

　　"豆王节"是佛兰德斯每年一度的节日，市民们希望借助节日欢乐，在酣饮中忘记生活的烦恼和苦痛。

　　《豆王节的欢宴》，雅各布·约丹斯绘

在这种能量的推动下，兴起于意大利的文艺复兴运动，迅速席卷了整个欧洲。仅就葡萄酒文化的发展而言，这种能量早于自佛罗伦萨兴起的文艺复兴之前几个世纪，就已经在葡萄农的活跃身影中初见端倪。早在9世纪初，查理大帝就已经拉开了葡萄酒文艺复兴的序幕，此后，虽然时有战乱发生、传染病肆虐，但也未能阻止葡萄酒文化圈的迅速扩张。

随后表现出了同等能量的，就是那踏着海浪挑战未知世界的大航海时代的到来。逐波于大海上的男儿们离开故乡欧洲的生活圈，从南欧的各个港口陆续出海，寻梦于遥远的未知世界。

这场大冒险之旅始于1488年，巴尔托洛梅乌·缪·迪亚士发现了好望角。1492年，哥伦布到达美洲大陆。此后，随着这场大规模探险之旅的推进，欧洲世界的范围逐渐扩大到了全球。

大航海时代实际上是欧洲人对地球上其余广阔新土地所进行的一场大型的争夺竞争，这场竞争大致以伊比利亚势力的胜利而告终。经过整个16世纪的发展，西班牙人和葡萄牙人终于称霸全球。最初，他们只是将从新发现的土地上剥夺来的财富，作为礼物送回故乡——这是大探险时代的典型做法。但在16世纪后半叶至17世纪初，他们逐渐在新发现的土地上定居，开始在当地谋求更好的生活，由此也转变成为殖民地时代。

从南、北美开始，南非以及稍晚一些的新西兰、澳大利亚大陆等都成为欧洲人殖民的对象。连自古就人口稠密的东亚各国，在他们眼中都是可以自由瓜分的新土地。而那些原本就荒无人烟、抵抗能力明显更弱的新大陆，自然很快就被建成了欧洲人的第二故乡。

如此一来，拥有着先进科学技术与航海技术的欧洲人，便成了世界的霸主。而在欧洲内部的竞争中占据优势的伊比利亚势力，也早已深深沉迷于葡萄酒文化之中，若要在新土地上经营新欧洲式的生活，有葡萄酒相伴的饮食自然是必不可少的，因此他们开始在新大陆上开辟葡萄园。16世纪后半叶，探险时代逐渐转变为殖民时代，各个殖民地生产的葡萄酒也相继诞生。

1572年，西班牙人在墨西哥的埃尔帕索德尔诺尔特（现名为华雷斯）开垦出了葡萄山，种植当地原产品种的葡萄。1602年，英国贸易公司驱使从法国和莱茵河地区来的农民，在弗吉尼亚种植野生葡萄，酿造葡萄酒。

在被称为新世界的美洲大陆上，原本就生长有品种丰富的野生葡萄。1498年，哥伦布第三次航海到达美洲大陆时，在古巴海岸发现了大量的野生葡萄，并挑选了其中优质的大串葡萄带回欧洲，献给了大航海的支持者伊丽莎白女王。

在弗吉尼亚，使用当地的葡萄品种酿造出的葡萄酒，并没有得到已经习惯了欧式葡萄酒风味的欧洲人的好评。大约150年后，在法国的殖民地伊利诺伊州，人们也曾热心地尝试着品种改良，但由于当时葡萄学知识的不足，结果都以失败告终。但与此同时，瑞士的殖民者碰巧用一种名为"Schuikyl"的葡萄酿造出的红葡萄酒，获得了极高的赞誉。

此外，德国殖民者在北美的俄亥俄和密苏里开拓了葡萄园；到了1770年，西班牙传教士塞拉神父在加利福尼亚新设立的教区圣迭戈，也开垦出了葡萄园。与之前的欧洲情况相似，在新殖民地上，葡萄酒文化的扩大和基督教的传播，最初也都有赖于僧侣。借方济各会的僧侣之手，从西部的圣迭戈到索诺玛之间的21个殖民城市，是建立起今日美国最大的葡萄酒地带的基础。

酿造葡萄酒原本是为了丰富僧侣们的晚餐，所以当时所酿造的都是"弥生葡萄酒"，这种葡萄酒在今天作为一种餐后甜酒，深受人们的喜爱。随后，法国和西班牙的农民也纷纷移民而来，凭借着得天独厚的气候条件，加利福尼亚州在美国各州中脱颖而出，如今已经成为北美首屈一指的葡萄酒产区。

当时移植而来用于酿造红葡萄酒的黑皮诺（Pinot-Noir）和佳美（Gamay），直到现在依然是著名的葡萄酒品牌。自那以后又依次引进了欧洲品种的葡萄：用于酿造白葡萄酒的白皮诺（Pinot-Blanc）、霞多丽（Chardonnay）、赛美蓉（Semillon）、长相思（Sauvignon）、雷司令（Riesling）、西万尼（Sylvaner）、琼瑶浆（Traminer）等等。正是这些名目繁多、品种多样的葡萄树装点了加利福尼亚的葡萄山。

不同于北美的是，南美地区热带气候特征显著，欧洲的葡萄树不易在这里结出甜美的果实。因此人们不得不使用当地原产的葡萄酿造葡萄酒，直到 17 世纪末，秘鲁的唐·弗朗西斯科·卡拉班特斯从南方移植来了加那利群岛的葡萄树。这种葡萄树就是非常著名的用于酿造马德拉葡萄酒的原果。1418 年，葡萄牙人发现了马德拉岛后，烧毁了当地的原始森林，用以开垦农田。1421 年，航海王子恩里克从希腊的克里特岛和塞浦路斯岛移植来了葡萄树，这种葡萄树的种植在马德拉岛上大获成功，并酿造出著名葡萄酒——马德拉葡萄酒。

智利也出现了酿酒用的著名葡萄品种——麝香（Muscatel）葡萄，而且红麝香葡萄和白麝香葡萄均可酿酒。

如此一来，南美在葡萄的种植和葡萄酒的酿造上均取得了巨大的成功。到了 17 世纪末，南美殖民地的葡萄酒就已经足以与欧洲的葡萄酒分庭抗礼了。

南非位于北纬 33° —34° ，得益于舒适的气候、美丽的自然风光，加之它是以钻石为首的梦幻般的财富宝库，自然与干燥、多雨、高温、疾病肆虐的热带非洲有着天壤之别。因此南非作为与美洲、澳大利亚相比肩的新大陆，也曾成为被肆意掠夺的对象。在经过了殖民化之后，最终发展成了独立的欧洲式国家，而开垦出葡萄园也就是迟早的事了。1655 年，荷兰人最先在桌山山麓开垦出了小规模的葡萄园。17 世纪末，法国人开始在好望角的开普敦种植葡萄，为居住在这里的欧洲人做出了极大的贡献。来自法国的农民，以故乡的名字为基础，为这些农庄命名。由于这些农庄所处的南纬 33° —34° 地区拥有最适宜葡萄生长的气候，因此，葡萄的芳香很快就覆盖了开普敦各处的山坡。

跨大海不断延伸的葡萄藤最终到达的新天地是澳大利亚。19 世纪初，这片欧洲人开拓的新大陆也终于飘起了微弱的葡萄香。一个名叫巴斯比的殖民者开始在新南威尔士州种植葡萄。几乎是在同一时间，荷兰政府从法尔兹雇来的葡萄农开垦出了葡萄山，种植的区域包括猎人谷、麦克拉伦山谷、巴罗萨河谷。此后，这里成了澳大利亚的葡萄酒产区，并一直发展至今。

欧洲人跨越五洲四海，在全球范围内寻找新大陆和财富宝库。在他们所开拓的新天地上，葡萄花终于得以怒放，葡萄酒清香四溢，欧洲人在这里也培养出了类似于遥远故国的葡萄酒文化，支撑着自中世纪以来由父辈们创造出的基督教文化模式下的生活。

现代葡萄酒的确立

随着时代的发展，迈向现代的气息越来越浓。无论在哪个领域，最能让人感受到这一点的，都是科学与技术的进步。葡萄酒的酿造也在那光彩夺目的发达科学技术的支持下，向着现代口味发展，并且取得了质的飞跃。

现代化学之父，法国的拉瓦锡（1743—1794）于1789年，通过观察糖转变为酒精的发酵过程，提出了永不磨灭的伟大真理——质量守恒定律。拉瓦锡的诞生，奠定了近代化学的基础。

拉瓦锡是第一个对糖分解生成酒精和碳酸气这一过程进行科学解释的人。十年后，他的高徒盖－吕萨克（1778—1850）

进一步证实了发酵原理。随后，德国的近代化学之父李比希（1803—1873）甚至注意到了酵母在发酵过程中所起的作用。

这样的科学理论，虽然并不能立即应用于葡萄酒的品质改善，但这些近代化学的基础研究，成为此后持续 200 年的葡萄酒研究正式迈出的第一步。以此为基础，1803 年，第一部真正意义上的葡萄酒化学研究著作得以问世，使得具有科学性和理论性的葡萄酒酿造又向前迈进了一大步。

科学研究的效果很快就得以显现，1810 年，法国内相让-安托万·夏普塔尔（1756—1832）提出了"葡萄酒加糖酿造原理"，并主张加糖发酵的葡萄汁应该同时使用碳酸钾进行脱酸。这就是以他的名字命名的"夏普塔尔加糖法"。

然而，针对夏普塔尔所提出的加糖法，出现了各种各样的反对意见。1828 年，德国葡萄酒化学家加尔（1791—1863）提出，一般的葡萄酒即使不进行中和，只要加水稀释酸度也就足够了，即所谓的"湿式加糖法"（将少量的葡萄糖加水融化后加入葡萄汁当中）。虽然前些年欧共体已经决定废止这种加糖法，但至少到 1980 年为止，这种方法应该还是允许使用的。

在科学技术的支持下，葡萄酒学不断走向现代化。1830 年，德国物理学家费迪南德·予思勒(1774—1852)发明了葡萄汁"糖度测定仪"，成为判定葡萄汁和葡萄酒品质的不朽发明。

　　1878 年，历史性的时刻终于到来，所有的重要人物即将聚齐。这一年，供路易斯·巴斯德大展身手的舞台已经准备就绪。李比希曾想象过的酵母这一微生物背后的庞大世界，也由巴斯德揭示并展现在了世人面前。至此，今天的发酵学、酿造学得以确立。以此为基础，1897 年，毕希纳提出了完善的发酵理论。

　　很久以前，向葡萄酒民族希腊人学习酿造葡萄酒的罗马人，摆脱了老师希腊人那独特的味觉，开始迈上了通往现代新味觉的道路。在摸索新葡萄酒酿造方法的迷茫中，如暗示着决定性口味的诞生一般，伟大的葡萄酒年——公元前 121 年从天而降，很快成为纯葡萄酒盛行的契机。如今，一个具有相似意义的伟大葡萄酒年再次降临，它将新葡萄酒时代又向前推进了一步，引领其走向了现代葡萄酒，它就是如彗星一般横空闪现的1811 年。

　　这一年的葡萄酒好似得到了上天的眷恋般，口感丰满醇厚，让人难以想象。那优雅的芳香使拿破仑宫廷的餐桌宛如天堂，这应该也曾为拿破仑那所剩无几的生命带来了些许慰藉。就连普通农民大众也尽情地感受到了它的芳香。令人遗憾的是，对于味觉的记录，只能停留于各种形容词的堆砌上，却无法再现。留下的只有作为早已远去的历史片段所曾发挥过的作用。

费尽心血酿造出的葡萄酒那无与伦比的魅力，感染了欧洲各地的人们，在此基础之上，它与飞速发展的近代科学力量相辅相成，一鼓作气奔向了现代葡萄酒文化。

由于1811年产的葡萄酒品质实在过于优异，让人无法忽视，拿骚大公曾将埃伯巴赫修道院的名酿斯坦伯格（steinberger），冠以"头等酒"（Kabinettwein）之名。1822 年，约翰尼斯贝格也开始采用了头等酒这一秘藏酒的名称。自此，这个尊贵又优雅的称呼成为德国葡萄酒无法舍弃的骄傲的代名词。而对于消费者来说，这个词也象征着值得信赖的品质。

说起品质评价，1855 年，波尔多葡萄酒商会曾对波尔多的葡萄酒庄进行分级，虽然该分级制度多有矛盾之处，但依然流传到了今天。波尔多葡萄酒分级制度是史上第一次对葡萄酒评级的尝试，成为通往现代葡萄酒的一个里程碑。它为消费者判断葡萄酒品质提供了标准，特别是考虑到当时对英联邦的葡萄酒出口逐年递增的背景，分级制度能够帮助外国人更加便利地进行葡萄酒的选购。今天，这一分级制度仍然在世界各地被广泛地使用着。

现代葡萄酒诞生前的阵痛

至此，欧洲葡萄酒这列列车已经奔驰在了好不容易铺设好的通往现代葡萄酒的轨道上，眼看着就要一口气到达终点之时，凶恶的拦路虎却突然横在了前进的道路上。这列通往现代的列车，就这样在中途突然翻车，乘客们几乎都身负重伤，濒临死亡。

引发这场悲剧的是葡萄酒史上最骇人听闻的事件之一，即一种俗称"葡萄根虱"，学名为"葡萄根瘤蚜"（Phylloxeravastatrix）的害虫的侵袭。

这种害虫寄生于波尔多从美国引进的用于研究的葡萄树树苗中。19世纪60年代，这种害虫开始大量自然繁殖，到处肆虐。1863年，罗纳河畔的葡萄园最先发现虫害，转瞬之间就蔓延到了法国各地。仅用了20年时间，就摧毁了法国百万公顷的葡萄山。1870年，虫害扩散到了奥地利，1895年以后，又接着向北方的德国蔓延，所到各地，葡萄园均被横扫，有些地区甚至濒临毁灭。

其中，德国作为最晚遭到虫害袭击的地区，人们预先集思广益，做了充足的防御准备，因此受灾程度最轻。到1932年为止，受灾面积维持在了 1.4% 左右。但直到今天，虽然增幅非常小，但受灾面积仍在持续扩大。

著名植物保护剂波尔多液，就是为此而在波尔多研发出来的。在研发波尔多液的同时，人们发现害虫的故乡——美国本土的葡萄树，对该虫害具有天然抗体，便据此想出了一个解决方法，即将欧洲葡萄枝嫁接到美国土生抗蚜品种的根上，目前，所有的葡萄树都在使用这种嫁接法。

继葡萄根瘤蚜之后，1870 年，一种名为霜霉病菌的病原体又大举入侵欧洲。这种病菌属于葡萄叶病菌，同样来自美国。比起葡萄根瘤蚜，这种霜霉病菌在德国造成的受灾后果要严重。1870 年前后，德国 15 万公顷的葡萄山中大概三分之一遭到摧毁，到了 1914 年，葡萄的种植面积减少到了 10 万公顷。损失最为惨重的是西班牙和葡萄牙，在数年间，葡萄几乎颗粒无收。例如，在马德拉群岛上，除了 1856 年以外，从 1852 年起至 1857 年，葡萄产量完全为零。

然而，曾借力于强大的近代科学与新技术的现代葡萄酒，势必终将得以复兴。

在欧洲，葡萄酒产生的乐趣自中世纪以来就已经深入人们的骨髓。若要从欧洲人的生活文化中夺走葡萄酒，那堪称残忍。

可想而知，人们自然会想尽方法去修复那几近被摧毁的葡萄酒文化。而其中的主力军，就是各国设立的葡萄酒专业研究机构。而这也是使现代葡萄酒明显区别于上一时代的一大特征，也为现代葡萄酒的涌现提供了一个值得寄托的场所。

农民们也顺应新时代潮流结成联盟，团结一致。在近乎完善的葡萄酒法律的监督和保护之下，欧洲的葡萄园酿造出了如今这魅力四射的葡萄酒，她们深情款款、微笑着为人们的饮食生活带来了无与伦比的愉悦。

现代葡萄酒的终点

现代葡萄酒的特征，首先应该是利用以科学为基础发展起来的技术，酿造出迷人的口感与芳香。我们现代人在日常生活中所能够接触到的葡萄酒，都是在过去漫长的葡萄酒史中拥有着最优质口感的葡萄酒。这些葡萄酒在葡萄酒史上都留下了不可磨灭的荣光，无论是公元前 121 年的法勒纳葡萄酒，还是 1811 年的歌德葡萄酒，是否能与现代的一流葡萄酒相比肩，都是值得怀疑的。然而，可以确定的是，这些葡萄酒为其所属的各个时代的人们所带来的感动程度，绝对不输于现代的一流葡萄酒，它们都是名留史册的伟大名酿。葡萄酒味道的优劣，应该是由葡萄酒与当时享用它的人们间的相对关系决定的。随着时代的变化，各种条件自然也各不相同，没有必要对不同时代的葡萄酒进行直接比较。只是根据我们现代人对口感的判断标准来看的话，今天的葡萄酒就是最卓越的葡萄酒。

由于早期的葡萄栽培技术首先就很不成熟，作为原料的葡萄味道自然也就粗糙生涩。再加上葡萄酒酿造技术的落后，酿造出来的葡萄酒大都缺陷明显，可以说有缺陷的葡萄酒反而才是最常见的葡萄酒。没有什么缺陷的葡萄酒，自然就被当成是伟大的名酿，得到了人们的珍爱。这类葡萄酒几乎都被王侯贵族们独占了，普通人饮用的都是那些有缺陷的葡萄酒。

酿酒原料的不同会导致葡萄酒品质的不同，不同的酒桶所酿出的酒也经常会出现巨大的差异。人们曾以为，葡萄酒的酿造原本就应该是这样的。这种由于原料所导致的葡萄酒品质的差异，直到今天也并不鲜见。这也可以说是葡萄酒的有趣之处。

与今天相比，当时由于科学知识的欠缺，酿造技术可以说尚未成熟。如今，酿造技术有了完善的理论知识的支撑，已经能够大大降低生产出次品的概率，这也可以说是现代葡萄酒时代的特征之一。

就像摆脱了古典葡萄酒时代，建立起了新葡萄酒时代的罗马人弃用陶器改用木桶一样，现代葡萄酒又放弃了木桶，发明了更能保证葡萄品质稳定的不锈钢桶。前者是罗马人凭着感觉和经验进行的改良，后者则是根据科学理论进行的发明，这也是现代葡萄酒的特征。

在葡萄酒的熟成上，越是高密度酿造，越是能够得到缓慢且细致的熟成。例如，一般来说，装葡萄酒的酒瓶越小，熟成速度就越快但也越粗糙，老化得也更快。而酒瓶越大的话，熟成虽然缓慢但却细致，老化的速度也会相对缓慢一些。

当熟成用的大容器为木桶的情况下，木材的气孔会使葡萄酒接触到外部空气，有可能造成过度氧化。而不锈钢酒桶则能够解决这些问题。不锈钢桶的内部贴有玻璃，将葡萄酒储藏在这种不锈钢桶中就如同储藏在玻璃瓶中一样，而且十分清洁、便于操作，这些都是木桶所不能及的。

此外，发酵槽也不同于以往的开放型木槽和水泥槽，改成了排气阀完备的不锈钢罐。在不锈钢发酵罐内发酵产生的二氧化碳，可以隔绝罐内的空气，防止发酵过程中发生氧化现象。不锈钢罐还能根据需要随时调节发酵温度，充分利用先进的技术，就能防止以往常见的酿造缺陷。因此只要在葡萄的种植上做足功夫，之后就很少有问题了。

　　发酵、沉淀、酿制、过滤、装瓶、发货等过程，都可以编入程序使用计算机进行操作，极大地减少了人为造成的过失。随着技术的进步，人类已经可以大量生产出品质稳定的葡萄酒。

　　然而，如果机械化到了这种程度的话，酿造葡萄酒的人化身为工厂的技术工人，就极可能忘记了葡萄酒所特有的那温柔迷人的本性，而只是机械地去处理各个程序。不过这就是另外一个层次的问题了。即使是工程师，只要怀着爱意，有一颗创造和养育的心，不忘记葡萄酒的本性，那么无论容器、用具如何变化，运用现代葡萄酒日渐完善的技术，都有可能酿造出一流的葡萄酒。

　　昏暗的地下仓库长满霉菌，宛如铺上了一层天鹅绒，仓库里摆满了古典的圆木桶，人们或是逐一敲打酒桶，根据声音判断葡萄酒的发酵程度，或是将耳朵贴在筒壁上，倾听葡萄酒那或许是由于二次发酵而产生的轻快的欢唱。这就是以往酒窖里酿造葡萄酒的情形。作为葡萄酒的故乡，如今确实让人十分怀念这过往的美好，但这也只能说是葡萄酒爱好者的乡愁。这种酿造仓库在当时也算是具备了酿造葡萄酒的条件，应该得到相应的肯定，但仅凭这些条件是无法创造出名酿的。这就是过去与现代的区别。

这种被霉菌所包围的葡萄酒酿造环境，自罗马以来，历经中世纪发展至此，也终于要成为过去。随着计算机的出现，进入新时代，葡萄酒的芳香也越来越清冽。

然而，在葡萄酒的酿造中，还有着比酿造技术作用更大的事情，那就是作为原料的葡萄的种植。

以前，即使是技艺精湛的酿酒师也难免会失误，酿造出有缺陷的葡萄酒。但在今天，凭借先进的技术，按照葡萄原料的品质，一流葡萄酿造出一流葡萄酒，二流葡萄酿造二流葡萄酒，每种葡萄所特有的味道都能完美地再现于葡萄酒中。这就是现代葡萄酒的意义所在。

说起葡萄的种植，在今天这种现代葡萄酒时代，有了先进的植物学和农艺学理论的支持，田间种植也取得了显著的进步。特别是杂交技术的进步，为葡萄酒的改良做出了巨大的贡献，利用杂交技术所进行的品种改良日渐盛行。

葡萄作为自然界中的一种植物，必然要受到气候和土壤的影响。对于土壤尚能想方设法进行改善，气候状况却是无论如何也无法控制的。受气候影响，葡萄的生产会出现极端的丰收或歉收，但这目前仍是现代葡萄酒技术无能为力的领域。

餐桌文化

在人类的生活中，享受工艺、美术、文学、哲学，融入家庭和社会等能够带来精神享受的精神文化，自然是非常重要的一面，除此之外，创造并且支撑这些精神文化的物质生活也是不容忽视的一面。物质性的基本生活主要包括衣、食、住三个要素，皆与非物质文化相联系并从中受益。原始时代的人们住在洞穴里躲避风雨，裹上兽皮抵御风寒，在山野间采集食物以延续生命。支撑现代人生活的这三个元素，说到底也不过就是对原始时代的一种延续而已。然而，在以人类经久不衰的求知热情为动力创造和发展起来的文化的推动下，这种延续逐渐成为一种文化的积累。否则的话，人类就仅仅是在重复着古人所创造出的原理而已。

至少是自有史时代以来，人类的衣食住就有了各自的固有文化，为了支撑起无形的精神文化，人们创造出了充足的文化性物质，使得衣食住变得更加丰富。若要分别为这三个元素列举出代表来的话，首先在"住"方面，虽然有着各种各样的宅邸和大厦，但其中顶级的当属宫殿建筑；关于"衣"，在各种各样的服饰中，最高级的是晚礼服和男礼服大衣；在"食"这一方面，最具代表性的就是葡萄酒，这不仅是因为葡萄酒是所有饮食中最高级的艺术品，而且餐桌上葡萄酒的品质，可以说是代表了整个餐桌的水平。当然，这种言论并不适用于日本以及其他不常饮用葡萄酒的民族，但本书所讲述的是葡萄酒史，所以范围自然就限定在了世界上经常饮用葡萄酒的民族。

　　餐桌文化的诞生，是为了满足以味觉和嗅觉为主，包含视觉和听觉在内的人类感官的享受，它是人类智慧的产物，是人类为了享受到更为丰富的饮食生活，凭借经验，将酿造、烹调技术以及各种饮食礼仪不断完善、积累下来的产物。人们渴望在每一次的用餐中获得充实感，抓住那令人满足的幸福。葡萄酒已经融入人们的餐桌文化中，成为餐桌上不可缺少的一部分。

　　或红、或白，或清爽、或醇厚，准备上两三种不同类型的葡萄酒，尽情享用分别与之相搭配的菜品，无论是简单的用餐，还是在餐桌上摆满十几种葡萄酒、供客人享用多种多样的佳肴的大型宴会，都是现代人类所能想到的最完美的饮食生活。除了味觉、嗅觉以及视觉上的享受外，玻璃杯碰撞发出的声音、陶瓷器皿与金属餐酒具摩擦发出的轻微声响所带来的听觉享受也是餐桌文化,是人类在漫长的历史中所积累下来的生活文化的一部分。葡萄酒则是人类为了养育生命、维持人类社会健全所需的最基本的饮食生活中最重要的一部分。

葡萄酒具有独特的性格,如果搭配食用正确的食物,彼此的味道相辅相成,那么葡萄酒就会发挥她的魔力,为人们带来成倍的味觉享受。那鲜艳的色调、优雅的芳香、沁人心脾的口感与余韵,都是葡萄酒所特有的巨大魅力,因而成为人类创造餐桌文化不可或缺的要素。

然而,葡萄酒在餐桌文化中获得如此重要地位的历史,实际上并不算很长。在整个古代社会,人们更加重视的是葡萄酒的药用价值。除此以外,就像现代人也喜欢饮用葡萄酒以外的酒精饮料一样,古代人只是在追求葡萄酒所具有的酒精作用,他们饮用葡萄酒,除了想要获得醉酒的感觉之外没有其他目的。就连发现了不同地域、不同品质的葡萄酒能够以各自特有的芳香打动人心的希腊人,大多也只是在享受葡萄酒带来的解渴功能和醉意,他们致力于葡萄酒的发展也是因为葡萄酒有益健康。虽然希腊人确实已经开始享用葡萄酒,并为葡萄酒的酿造做出了巨大贡献,但在他们的饮食生活中,似乎还未察觉到葡萄酒那种能够与食物相辅相成的魅力。

　　直到进入罗马时代后期，葡萄酒才终于融入人们的饮食生活中。而我们现代人所熟知的葡萄酒与菜品之间的相辅相成则要等到十七八世纪以后，在餐桌上准备两个以上的酒杯，饮用不同的葡萄酒须更换不同酒杯的习惯，最多也只有200年的历史。

　　为了提升葡萄酒的品质，有关葡萄酒酿造的研究也越来越得到重视，这是近代葡萄酒时代的一大特征。进入近代以后，葡萄酒的品质迅速提升，甚至登上了现代人饮食生活的顶点。但这不能单纯地解释成随着近代科学技术的快速发展，葡萄酒一夜之间飞黄腾达。应该说，正是因为有着古代社会，特别是自希腊人的时代以来所建立起的稳固根基，近代技术才能在其基础之上发挥出它的威力。历史之重、历史之强在葡萄酒史中得到了充分的体现，这样的例子在其他领域是十分少见的。

　　至今8000年或10000年前的某一天，在近东一角的苏美尔人的土地上，葡萄酒悄然诞生。在此后人类漫长的历史中，她在不同的时期以不同的形式为人类所喜爱，葡萄酒与人类交往的历史，也就是葡萄酒的世界史。

　　然而，只要还有人类社会的存在，那么葡萄酒的历史就会永无止境地书写下去。

后 记

近年来，饮用葡萄酒的人急剧增加，而且他们不仅仅是饮用葡萄酒，还逐渐开始注重对酒的品鉴和鉴赏。然而，就葡萄酒的品鉴而言，只是喜爱葡萄酒本身还是远远不够的。葡萄酒是唯一一种需要连它的氛围和气质一起享用的酒。花费 8000年的心血培育起来的葡萄酒文化，散发出了光辉灿烂的味与香，酿造出了葡萄酒的余韵。因此，笔者基于自身的历史观，对葡萄酒文化史的一隅进行了整理和总结，编辑成了这本小书。

在葡萄酒文化史中，特别是贯穿于整个古代社会的葡萄酒所具有的两面性，教会了举杯把盏的现代人关于两极间的矛盾与调和的各种知识。而这种训诫，可以说是所有人类历史中共通的东西。诞生于近东地区，被多个民族继承后，最终在希腊人的手中走向成熟的狄俄尼索斯思想，绵延不绝地影响着现代社会。例如东西间的对立与共存，以及存在于其他各个方面的两极关系。人类不断地重复在对立、矛盾、纷争之中，并为了解决这些问题而不懈努力。因此，从某种意义上来看，若要探究人类的历史，了解葡萄酒的历史将会成为一个很好的借鉴。中央公论社的正庆孝先生，对笔者提出的狄俄尼索斯思想直到现代仍统治着世界史的想法予以认同，为本书的编辑提出了很多宝贵的意见，在此，笔者对正庆孝先生表示衷心的感谢。

本书的另一个意图，是通过推测各个时代的酿造技术情况，尝试着对葡萄酒的文化史进行时代划分。据笔者所知，目前世界上还没有过这样的尝试。本书的特征都是出于一名葡萄酒学研究技师的思想，而非历史学家。

如果本书能帮助葡萄酒爱好者更加愉悦地享用晚餐，能让所有的葡萄酒爱好者和非爱好者都能在日常生活中，寻找到葡萄酒所蕴藏的狄俄尼索斯思想的意义，那将是笔者无上的荣幸。

古贺守